# RECHERCHES EXPÉRIMENTALES

INTELLIGENCE QUE LES MODIFICATIONS

DANS LA

# LA PRESSION BAROMÉTRIQUE

PRODUIT SUR LES PHÉNOMÈNES DE LA VIE

PAR

## M. PAUL BERT

Professeur à la Faculté des sciences de Paris
laboratoire de physiologie expérimentale à la Sorbonne

PARIS

G. MASSON, ÉDITEUR

DE L'ACADÉMIE DE MÉDECINE

1878

# RECHERCHES EXPÉRIMENTALES

SUR L'INFLUENCE QUE LES MODIFICATIONS

DANS LA

# PRESSION BAROMÉTRIQUE

EXERCENT SUR LES PHÉNOMÈNES DE LA VIE

PARIS. — IMPRIMERIE DE E. MARTINET, RUE MIGNON, 2

# RECHERCHES EXPÉRIMENTALES

## SUR L'INFLUENCE QUE LES MODIFICATIONS

### DANS LA

# PRESSION BAROMÉTRIQUE

## EXERCÉNT SUR LES PHÉNOMÈNES DE LA VIE

PAR

## M. PAUL BERT

Professeur à la Faculté des sciences de Paris
Directeur du laboratoire de physiologie expérimentale à la Sorbonne

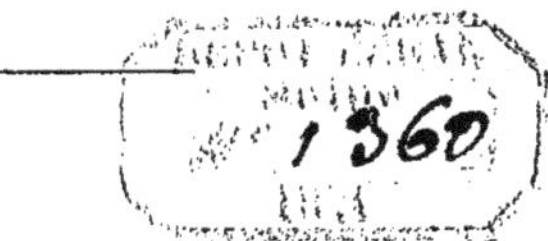

# PARIS

## G. MASSON, ÉDITEUR

LIBRAIRE DE L'ACADÉMIE DE MÉDECINE

PLACE DE L'ÉCOLE-DE-MÉDECINE

1874

# RECHERCHES EXPÉRIMENTALES

## SUR L'INFLUENCE

QUE LES

# MODIFICATIONS DANS LA PRESSION BAROMÉTRIQUE

## EXERCENT SUR LES PHÉNOMÈNES DE LA VIE

### Par le Dr Paul BERT,

Professeur de physiologie à la Faculté des sciences de Paris.



---

Le présent travail est l'abrégé d'un livre en cours de rédaction, où se trouveront exposées avec détails les expériences, au nombre de plusieurs centaines, sur lesquelles reposent les conclusions que je puis donner aujourd'hui. Ce livre pourra être, je l'espère, publié prochainement. Quant au mémoire ci-dessous, il est, à proprement parler, la réunion logiquement coordonnée des diverses notes que j'ai eu l'honneur de présenter sur ce sujet à l'Académie des sciences pendant les années 1871, 1872 et 1873.

Je n'ai fait, dans le mémoire actuel, qu'un historique très-rapide des travaux antérieurs aux miens; il m'a semblé que ce n'était pas là le point intéressant. J'ai cru pouvoir également me dispenser de donner une description complète des appareils que j'ai employés; cette description, qui n'est, du reste, pas indispensable pour l'intelligence des faits, trouvera place, avec tous les détails nécessaires, dans l'ouvrage que j'annonce plus haut. Du reste, ces appareils fonctionnent actuellement dans mon laboratoire de la Sorbonne, où les savants qui s'intéressent particulièrement à ces questions pourront venir les examiner.

## CHAPITRE PRÉLIMINAIRE

### § 1.

#### ÉTENDUE ET IMPORTANCE DU SUJET.

Il me suffira de quelques mots pour rappeler l'importance que présentent les problèmes à la solution desquels je me suis attaché. Les modifications de la pression barométrique jouent un rôle considérable dans les phénomènes naturels ; l'industrie, la médecine en ont tiré parti. L'Académie me permettra de passer très-rapidement en revue les circonstances dans lesquelles la biologie est intéressée à leur étude.

Je ne parlerai pas des modifications légères que présente sans cesse le baromètre ; tout prouve que l'influence qu'on leur accorde généralement est fort exagérée, et qu'il convient d'en attribuer la plus grande part aux modifications simultanées de l'état thermométrique, hygrométrique et électrique de l'air.

Mais les hommes et les animaux qui vivent sur les montagnes élevées sont, par là même, soumis à une pression dont la faiblesse, par rapport à celle des bords de la mer, ne peut être sans action sur leur organisme. Or, des villes importantes sont bâties à des hauteurs qui dépassent 3000 mètres, et les hauts plateaux de l'Anahuac (2000 mètres) nourrissent des millions d'hommes.

D'un autre côté, les voyageurs qui gravissent le flanc des montagnes, les aéronautes emportés dans les régions élevées de l'atmosphère, éprouvent fréquemment des troubles physiologiques de plus en plus graves à mesure qu'ils montent, troubles qui finissent par rendre l'ascension impossible et mettre la vie en danger.

L'augmentation de pression n'a point à agir, dans l'état de nature, sur les animaux aériens. Seuls, les animaux marins sont parfois soumis à des pressions qui peuvent atteindre 400 et 500 atmosphères. Mais l'industrie, qui n'emploie pas l'air dilaté dans des conditions intéressantes pour nous, soumet au contraire très-fréquemment les ouvriers à de fortes compressions d'air, et cela dans des circonstances différentes : 1.° le fonçage des piles de pont, le forage des puits, avec les tubes pleins d'air comprimé ; 2° la pêche des perles, du corail, des éponges et les sauvetages sous-marins, le tout à l'aide de scaphandres.

Enfin, les médecins, qui n'ont pas songé, si l'on excepte M. le docteur Jourdanet, à employer la diminution de pression, ont fait de nombreuses tentatives de thérapeutique avec l'air comprimé. Cette pratique, à laquelle se rattachent en France les noms de Junod, de Pravaz, de Tabarié, se répand beaucoup en Allemagne, et paraît avoir donné, en maintes circonstances, les plus utiles résultats.

J'ajoute, pour en finir avec cette énumération succincte, que les végétaux, comme les animaux, sont, sur les montagnes et à une certaine profondeur sous l'eau, soumis à des pressions baro-métriques variées. J'ai dû me demander si ces variations ont de l'importance sur la vie végétale ; si, par exemple, dans l'explica-tion de la diversité des flores suivant les hauteurs, il n'y aurait pas, à côté de l'influence universellement reconnue de la tem-pérature, une part à attribuer à l'altitude elle-même.

Je n'insiste pas davantage ; ces indications suffisent pour mon-trer que l'étude que j'ai entreprise intéresse à la fois l'histoire naturelle, la médecine, l'hygiène industrielle, l'hygiène des peuples. Avant d'entretenir l'Académie des résultats auxquels elle m'a conduit, avant de donner la raison si simple des phéno-mènes si divers qui ont été décrits avant moi, ou dont j'ai le pre-mier constaté l'existence, je crois utile d'indiquer rapidement l'état de la science avant mes recherches, et les explications erronées qu'elle avait acceptées ou entre lesquelles elle hésitait.

§ 2.

FAITS CONNUS. — EXPLICATIONS ET THÉORIES.

*A.* — Diminution de pression.

Les faits les plus anciennement connus, ceux qui ont le plus attaché l'attention des observateurs, sont relatifs aux ascensions sur les montagnes. Tous les voyageurs ont signalé un ensemble d'accidents qu'on a désignés sous le nom de *mal des montagnes*. La Condamine, de Saussure, de Humboldt, Boussingault, Martins, les frères Schlagintweit, les ont éprouvés et décrits.

Tout d'abord la marche devient difficile, les jambes semblent plus lourdes à déplacer ; la respiration s'accélère, et, sous la double influence de la fatigue et de l'anhélation, le voyageur est bientôt contraint de s'arrêter. Au repos, il se remet bien vite, et recommence sa marche ascensionnelle. Mais les phénomènes reparaissent et s'aggravent ; il s'y joint des battements de cœur, des bourdonnements d'oreille, des vertiges, des nausées. Plus tard, la faiblesse devient telle, que la marche est presque impossible, et il a fallu aux illustres voyageurs dont j'ai cité les noms une grande force morale pour triompher d'un malaise écrasant.

Le repos, qui tout à l'heure faisait tout disparaître, ne suffit plus maintenant, et, même étendu sur le sol, le voyageur est en proie aux nausées, aux palpitations ; quelquefois même des hémorrhagies nasales viennent l'effrayer plus encore que l'affaiblir. Il finit par être obligé de s'arrêter et de redescendre.

Cette limite, qui marque le terme des ascensions en montagnes, varie avec les individus, à égalité d'énergie morale ; elle varie bien plus encore avec les latitudes ou, pour mieux dire, avec la température du lieu. Sur les sommets du Popocatepetl, les ouvriers indiens vont chercher du soufre à plus de 500 mètres au-dessus de ce dôme du Mont-Blanc, où les voyageurs européens ont tant de peine à soulever le poids de leur propre corps. Mais on peut dire que, dans nos Alpes, les accidents commencent à se manifester vers 3000 mètres de hauteur, alors que le baromètre s'abaisse aux environs de 50 centimètres, c'est-à-dire à peu près au niveau des grandes villes de la Cordillère des Andes.

Si, de cette description succincte, nous passons aux théories imaginées par les voyageurs et par les médecins, nous nous trouvons en présence d'explications, les unes étranges et insoutenables, les autres exactes pour partie, mais auxquelles on a donné une généralité et une importance non justifiées.

Écartons d'abord les premières. Je ne dirai qu'un mot de l'idée de Weber, d'après laquelle la fatigue des voyageurs, avec ses conséquences, serait due à la diminution de la pression atmosphérique, qui ne soutiendrait plus aussi énergiquement, pendant la marche, la tête du fémur accolée à la cavité cotyloïde · déduction d'une théorie que les physiologistes eussent difficilement acceptée, si elle n'avait eu la bonne fortune de nous venir de l'autre côté du Rhin.

Je n'ai pas meilleure opinion d'une théorie qui compte de nombreux sectateurs, d'après laquelle, sous l'influence de la diminution de pression, le corps serait placé en quelque sorte dans une immense ventouse ; celle-ci, appelant à la peau le sang des organes internes, troublerait profondément les conditions de la circulation, ce qui suffirait à expliquer tous les accidents décrits, et en premier lieu les hémorrhagies des muqueuses. Il y a, dans cette explication, un étrange oubli des lois de la physique. Mais j'insisterai sur ce point en parlant de l'augmentation de pression, où cette théorie reparaît sous une forme dangereusement séduisante.

Je ne crois pas qu'il faille parler longuement des voyageurs qui ont attribué les nausées et les vertiges à la fatigue de la vue par l'éclat des neiges éternelles. Ceux qui ont fait entrer en ligne de compte l'influence du froid ont eu, certes, une idée plus heureuse. Cette influence est manifeste, et nous en avons plus haut donné la preuve. Mais on a eu tort de lui attribuer une importance exagérée ; on peut supporter au niveau de la mer, sans éprouver rien qui ressemble au mal des montagnes, une température bien plus basse que celle du sommet du Mont-Blanc en été.

C'est à cet ordre d'idées que se rapporte le récent et remarquable travail de M. Lortet (1). Ce physiologiste, après avoir donné à la constatation et à la mesure des phénomènes observé anciennement l'exactitude qu'exige la physiologie moderne, a tenté d'expliquer ces faits par le refroidissement réel qu'éprouve le voyageur, dont la température s'abaisse, comme il l'a mesuré,

_______

(1) *Deux ascensions au Mont-Blanc (Lyon médical*, 1869

**P. BERT.**

de plusieurs degrés. Cet abaissement même, il l'attribue, par une ingénieuse application de la loi de la corrélation des forces, à un emprunt exagéré de calorique, nécessité par la puissance mécanique qu'il faut développer pour élever le poids de son propre corps à de telles hauteurs. Un calcul très-simple donne en effet des résultats dont la coïncidence avec les faits acquis par le thermomètre est de nature à séduire.

Mais il est bien évident que cette transformation ne suffit pas pour abaisser la température propre du corps et pour produire le mal des montagnes, puisque celui-ci ne se manifeste jamais au-dessous de 2000 mètres dans les Alpes, ni au-dessous de 4000 mètres dans la Cordillère des Andes. On n'a jamais constaté d'abaissement de température chez les prisonniers anglais, qui s'élèvent incessamment sur une roue qui tourne sous leurs pas. Sans doute, comme la physique générale le prouve, comme les recherches de **M.** Hirn l'ont depuis longtemps expérimentalement démontré, la force vive dépensée entraîne une transformation de la chaleur ; mais celle-ci est alors produite en plus grande quantité, et la température du corps n'en est nullement impressionnée. Il faut donc, pour donner à l'explication de **M.** Lortet sa véritable valeur, la réduire à une annexe de l'influence frigorifique, due à la basse température des régions alpines. Dans ce système, l'ascension rapide, en plein hiver, d'une colline un peu élevée, devrait donner le mal des montagnes. Or, rien de pareil n'a jamais été constaté. Ajoutons que, sur les montagnes intertropicales, les accidents apparaissent avec une température ambiante tout à fait supportable.

Plusieurs années auparavant, **M.** Martins (1), reprenant une ancienne idée de Hallé, avait introduit dans l'explication du froid qu'on éprouve sur les hauteurs un autre élément. Les combustions intra-organiques, disait-il, sont moins actives, parce que, à chaque inspiration d'un air très-dilaté, il entre dans nos poumons une quantité beaucoup moindre d'oxygène qu'au niveau

(1) *Du froid thermométrique et de ses relations avec le froid physiologique* (*Mémoires de l'Académie de Montpellier*, t. **IV**, 1858-1860).

des mers; l'accélération respiratoire ne saurait être assez grande pour compenser ce qui manque : de là un moindre effet calorifique. Nous verrons dans la suite de ce travail la part de vérité qui revient à cette explication du célèbre professeur de Montpellier.

Ici me paraissent devoir se placer les faits constatés dans les ascensions en ballon. C'est un autre *mal des montagnes*, sauf les sensations de fatigue. Mais pour éprouver les troubles habituels, il faut que l'aéronaute s'élève beaucoup plus haut que le voyageur montagnard. Ce n'est guère qu'au-dessus de 4000 mètres qu'on les a constatés avec une intensité manifeste. Il convient de faire remarquer que l'aéronaute n'a aucune dépense de force à faire, et que l'époque tardive à laquelle il est atteint est en concordance parfaite avec les faits plus haut rappelés touchant les phases d'activité ou de repos pendant les ascensions en montagnes.

Mais, précisément parce qu'il est purement passif, l'expérimentateur que le ballon emporte peut aller beaucoup plus haut, et les accidents qu'il éprouve peuvent acquérir assez d'intensité pour menacer sa vie. C'est ce qui est arrivé à MM. Coxwell et Glaisher, dans leur célèbre ascension du 5 septembre 1862. Tous deux tombèrent sans connaissance au fond de la nacelle : Glaisher vers 8800 mètres (1), à 24°,7 de pression, Coxwell vers 10 000 mètres. La hauteur maximum à laquelle ils atteignirent a été estimée être de 11 000 mètres ; ils reprirent leurs sens lorsque la descente les ramena à peu près au même niveau ; pendant cet intervalle, un des pigeons qu'ils emportaient avec eux était mort. On peut affirmer que, à moins d'employer la méthode dont je parlerai dans un autre chapitre, aucun homme ne pourra s'élever plus haut que ne l'ont fait ces aéronautes intrépides.

J'arrive à la troisième circonstance, la plus importante, à coup sûr, au point de vue pratique, dans laquelle se manifeste l'influence de la diminution de pression : je veux parler de l'habitation longtemps prolongée, de l'existence régulière à de grandes

___

(1) C'est la hauteur du Gaourichnaka du Népaul, le plus élevé des pics terrestres.

8                    P. BERT.

hauteurs au-dessus du niveau de la mer. Sur les hauts plateaux mexicains, par 2000 à 2500 mètres, vivent des millions
d'hommes; sur le *dos des Andes* sont bâties nombre de grandes
villes à près de 3000 mètres; dans l'Himalaya, la ville de Daba
est située à 4800 mètres, c'est-à-dire à la hauteur du sommet du
Mont-Blanc.

Les voyageurs ne paraissent jamais avoir rien observé de
spécial aux populations de ces lieux élevés. Sur les plus hauts
sommets, ils s'étonnent bien de voir des peuples vigoureux
se livrer au travail, à la chasse, à la guerre, par des niveaux
où le voyageur des Alpes a peine à gravir lentement (combat
de Pichincha en Colombie, par 4600 mètres); mais ils n'en
tirent aucune conséquence particulière. Pour les régions inférieures, en Suisse par exemple, on a signalé de tout temps la
vigueur des montagnards, et l'on a vanté l'influence salutaire
de l'air pur des montagnes.

Mais l'analyse scientifique n'a abordé que depuis peu de temps
ce problème important pour l'hygiène, la médecine et même
l'histoire. L'un des premiers, le docteur Lombard (de Genève) fut
amené à considérer comme différentes dans leurs influences sur
les maladies les altitudes diverses. La classification qu'il a établie,
les observations qui en sont la base, prêtent fort à la discussion,
et sont encore l'objet de polémiques actives; ce ne serait pas, je
pense, ici le lieu d'en parler : elles sont, du reste, d'ordre
étroitement médical.

Les observations faites au Mexique par le docteur Jourdanet (1)
ont une importance et une valeur infiniment supérieures. Ce
médecin, qui a longtemps exercé son art successivement dans les
terres chaudes et sur les hauts plateaux, a signalé, dans la fréquence et la marche de maintes maladies, des caractères dont il
attribue la cause à la diminution de pression. Puis, s'attachant,
avec une remarquable sagacité, à l'observation non-seulement
des malades, mais des hommes sains, il en est arrivé à constater
chez ceux-ci des phénomènes qui relèvent de cette même in-

(1) *Les altitudes de l'Amérique tropicale*, Paris, 1861.
    ARTICLE N° 1.

fluence, laquelle domine ainsi et la constitution médicale, et l'état physiologique de ces populations.

On comprendra que je ne saurais entrer ici dans aucun détail; pas davantage ne voudrais-je analyser la polémique, parfois acerbe, qui fut à ce propos dirigée contre M. Jourdanet. Ce qui m'importe bien autrement ici, c'est de rappeler l'explication que ce médecin physiologiste a cru pouvoir donner du mode d'action de l'abaissement barométrique.

M. Jourdanet part de ce fait, qu'il regarde comme établi par lui, que les habitants des hauts plateaux, se comportent, à l'état de santé ou de maladie, comme des anémiques. Il fait d'abord, à ce propos, le même raisonnement que M. Martins sur le moindre poids d'oxygène fourni au sang dans un temps donné par la respiration d'un air peu dense. Il considère de plus que, dans l'air dilaté des hauteurs, l'oxygène doit, suivant un rapport qui ne serait pas sans analogie avec la loi de Dalton sur les dissolutions, s'introduire dans le sang, à la traversée des poumons, en moindre quantité, et il en conclut que les métamorphoses chimiques intra-organiques, s'opérant en présence et sous la sollicitation d'un sang moins oxygéné, doivent être modifiées en quantité, en qualité peut-être. A côté de l'anémie, bien connue, due à la diminution du nombre des globules sanguins, de la quantité de l'hémoglobine, véhicule de l'oxygène, il place une anémie nouvelle, due à la moindre richesse de cette combinaison de l'hémoglobine avec l'oxygène, et l'appelle *anoxyhémie*.

Je laisse tous les détails pour m'appesantir sur cette hypothèse féconde ; c'est la première fois qu'une explication vraiment scientifique, et touchant à la racine même des choses, était formulée. L'anoxyhémie faible, mais continue, de l'habitant des hauts plateaux, agit lentement sur sa constitution ; mais l'anoxyhémie brusque, intense, du voyageur qui gravit les sommets élevés, détermine des phénomènes soudains : le mal des montagnes est une anoxyhémie aiguë et violente.

Ces idées de M. Jourdanet furent vivement combattues par certains médecins du corps expéditionnaire que la France, sur ces entrefaites, envoyait au Mexique. On ne se contenta pas

d'élever des doutes sur l'exactitude des observations fondamen-
tales de M. Jourdanet; on repoussa son explication, en s'ap-
puyant sur des raisons dont une seule présente une valeur scientifique et mérite qu'on s'y arrête.

En 1857, dans un travail justement remarqué, M. Fernet,
reprenant sous une nouvelle forme les mémorables expériences
de M. Dumas sur l'absorption de l'oxygène par les globules sanguins, avait démontré que l'oxygène se trouve dans le sang, pour
la plus grande part, à l'état non de simple dissolution, mais de
combinaison chimique. Et il avait tiré cette conclusion d'expériences fort délicates, par lesquelles il s'efforçait précisément de
chercher si la loi de Dalton peut s'appliquer à l'absorption de
l'oxygène par le sang sous diverses pressions barométriques. Ses
conclusions se résument ainsi : L'oxygène existe dans le sang sous
deux formes : une partie, dissoute dans le sérum, varie avec la
pression barométrique; le reste, chimiquement uni à l'hémoglobine, demeure constant, que la pression augmente ou diminue.

On ne pouvait manquer d'opposer ces conclusions aux idées
de M. Jourdanet. Celui-ci fit observer cependant que les variations de pression employées par M. Fernet étaient très-faibles;
que des différences insignifiantes, insaisissables, pour le chimiste
qui opère sur une petite quantité de sang, peuvent prendre une
grande importance physiologique; que, en somme, les expériences de Magnus avaient montré qu'à une pression très-basse
il est vrai, l'oxygène sort du sang, et que quelque chose d'analogue devait se produire à des dépressions moindres; enfin, car
'abrége beaucoup, il tenta une démonstration directe.

Du sang de Lapin, à Mexico, agité avec de l'oxyde de carbone, suivant la méthode de M. Cl. Bernard, lui donna, à plusieurs reprises, des quantités d'oxygène moindres que celles qu'on
trouve normalement dans nos contrées. Il persista donc dans ses
opinions, et les développa avec un remarquable talent dans son
livre *le Mexique et l'Amérique tropicale*, publié en 1864. Je dois
avouer qu'aucun physiologiste, aucun physicien, aucun médecin
ne se rangea à son avis. M. Longet, M. Gavarret, M. Coindet,
M. Leroy de Méricourt, s'élevèrent contre lui. « Si l'on admettait

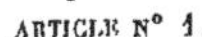

» cette doctrine, dit M. Longet (1), il faudrait arriver à cette
» conséquence que le sang des habitants des régions où la pres-
» sion n'est plus guère que de $0^m,38$ renfermerait moitié moins
» d'oxygène que le sang des habitants des bords de la mer. »

Je fus le premier (2) à me déclarer partisan, par *à priori*, de
cette hypothèse, quitte à la soumettre au contrôle souverain
de l'expérience. J'espère montrer plus loin que l'expérience
a entièrement confirmé le fait de l'anoxyhémie des voyageurs
en montagnes et des aéronautes.

Si M. Jourdanet est le premier, je dirai même le seul auteur
qui ait fait jouer, dans l'explication des accidents dus à la diminution de pression, le rôle prédominant à l'oxygène du sang (3),
d'autres ont, avant et après lui, attaché de l'importance aux proportions variables de l'acide carbonique contenu dans ce liquide.

Je me contenterai de mettre en face l'une de l'autre l'opinion
de M. Jourdanet, et celle plus récente du professeur Gavarret.
Pour M. Jourdanet, la diminution dans la proportion de l'acide
carbonique contenu dans le sang, conséquence nécessaire, selon
lui, de la décompression, constituerait une circonstance favorable à la santé, par laquelle se pourrait expliquer l'influence
bienfaisante du séjour sur les hauteurs médiocres. Ici, selon ce
médecin, la dépression ne serait pas suffisante pour diminuer
l'oxygénation, mais elle serait parfaitement capable de décar-
boniquer partiellement le sang, avantage qu'il considère comme
important.

M. Gavarret, tout au contraire, n'a pas hésité à attribuer à un
excès d'acide carbonique dans le sang les accidents du mal des
montagnes. Le passage dans lequel M. Gavarret expose son opinion me paraît mériter d'être cité en entier. L'autorité dont
jouit, à si juste titre, le savant professeur, fait qu'on pourra
prendre ses paroles comme une mesure exacte de l'état de nos

___

(1) *Traité de physiologie*, 2ᵉ édit., t. I, p. 493.

(2) *Leçon sur la physiologie de la respiration*, 1870, p. 422.

(3) Pravaz avait aperçu cette vérité, mais sans y insister suffisamment, et en la
mêlant à plusieurs erreurs.

connaissances sur ce sujet, au moment où j'ai commencé mes recherches. Je transcris textuellement la note insérée dans l'article Altitude du *Grand Dictionnaire encyclopédique des sciences médicales*, publié en 1866 :

« Lorsqu'il monte, *à pied*, sur une haute montagne, l'homme accomplit une quantité de travail mécanique qui varie avec le poids de son corps, la hauteur d'ascension, la nature et la disposition du terrain sur lequel il marche. A la force mécanique qu'il dépense ainsi correspond une consommation d'une quantité déterminée des matériaux organiques de son sang, dont la combustion ne produit aucun effet thermique. Indépendamment de la quantité de chaleur nécessaire au maintien de sa température propre, les combustions respiratoires doivent donc fournir l'*équivalent calorifique* de la force mécanique dépensée pendant l'ascension. Pour bien saisir les conséquences de cet accroissement forcé de l'activité respiratoire, fixons notre attention sur un exemple déterminé.

» Un homme adulte, bien constitué, du poids de 75 kilogrammes, s'est élevé, *à pied*, à 2000 mètres de hauteur sur les flancs d'une montagne. Il a effectué ainsi un travail *utile* de 150 000 kilogrammètres, représentant 353 unités de chaleur, dont l'effet thermique est *nul*, *transformées tout entières* en force mécanique, et fournies par les combustions respiratoires. Les *huit dixièmes* de cette chaleur *transformée* provenant de la combustion du carbone, la création de la force mécanique correspondant au travail *utile* accompli pendant l'ascension nécessite la production de 65 litres d'acide carbonique, en sus des 22 litres de ce gaz que l'homme forme, par heure, dans ses capillaires généraux pour maintenir sa température propre. Les conséquences de la production d'une aussi grande quantité d'acide carbonique dans l'économie se présentent d'elles-mêmes. La consommation des matériaux organiques du sang est excessive, et les forces s'épuisent très-rapidement. Les mouvements respiratoires et circulatoires s'accélèrent considérablement, d'une part pour rendre possible l'absorption de tout l'oxygène nécessaire à des combustions si actives ; d'autre part pour débarrasser le sang d'une telle proportion d'acide carbonique dissous. Lorsque la marche est lente, la force dépensée, dans un temps donné, est faible, et les troubles fonctionnels ne sont pas considérables.

» Mais si l'ascension s'opère rapidement, l'exhalation gazeuse, bien que très-activée, n'est plus suffisante pour maintenir la composition normale du sang qui reste sursaturé d'acide carbonique : alors la respiration devient anxieuse ; la dyspnée devient extrême, et s'accompagne de céphalalgie, de vertiges et de somnolence. On comprend encore facilement pourquoi une halte de quelques instants suffit pour faire disparaître tous ces accidents. . . . . .

. . . . . . . . . . . . . . . . . . . . . . . . . . . . . . .

» Comme conséquence de ces considérations, nous nous croyons autorisé à dire que la majeure partie des troubles fonctionnels caractéristiques du *mal des montagnes* doit être rapportée à une véritable intoxication par l'acide carbonique dissous en trop forte proportion dans le sang. Pour dire ici toute notre pensée, nous ajouterons qu'une intoxication de même nature, résultat nécessaire d'une dépense de force excessive, est une des principales causes des accidents graves observés chez les *animaux surmenés*. »

Je me borne à la reproduction de ce passage, sans discuter les victorieuses objections d'*à priori* que soulève cette théorie, laquelle, du reste, laisse entièrement de côté le *mal des aérostats*. Je montrerai par des expériences directes, *à posteriori*, que la quantité d'acide carbonique contenu dans le sang diminue toujours quand diminue la pression barométrique.


*B*. — Augmentation de pression.


Dans l'état de nature, ainsi que je l'ai fait remarquer au début de cette étude, les animaux marins sont seuls soumis à l'influence de pressions barométriques considérables ; mais celles-ci peuvent être énormes. Des Poissons ont été pêchés par 600 et 800 mètres ; des Mollusques adhéraient au câble méditerranéen immergé par 1200 mètres (Alph. Milne Edwards) ; au fond des *eaux bleues* du Kamtchatka, par 3000, 4000, 5000 mètres, la sonde a rapporté des animaux inférieurs vivants, et surtout le curieux *Bathybius*, habitant ordinaire des grandes profondeurs.

La résistance de ces êtres, parfois si délicats de structure, à des pressions de 400 et 500 atmosphères, a étonné certains naturalistes. Un peu de réflexion suffit à montrer que les tissus semifluides, incompressibles au même titre que l'eau, n'ont rien à craindre de ces pressions équilibrées. M. Cailletet a vu, dans ses expériences sur la piézométrie, des Anguilles *de la montée* subir, sans périr, des pressions de 1200 atmosphères ; cependant, sous ces pressions énormes, le corps étant comprimé, diminuant de volume, les canaux sanguins se rétrécissaient, et la circulation était compromise. Rien de pareil n'est à craindre chez les animaux qui vivent régulièrement dans les profondeurs des mers.

Lorsque les animaux marins possèdent des réservoirs gazeux, comme la *vessie natatoire* de certains Poissons, la décompression, dilatant soudain la vessie, amène des accidents bien connus des pêcheurs. Mais, hors ce cas particulier, il n'y a rien à dire sur l'influence mécanique de ces phénomènes ; nous verrons plus tard ce qu'il en faut penser au point de vue chimique.

J'ai hâte d'arriver au point le plus intéressant, je veux dire aux applications industrielles de l'air comprimé, et aux phénomènes présentés par les ouvriers qui y sont exposés. Je parlerai d'abord du forage des puits, du fonçage des piles de pont dans des tubes métalliques, où des machines poussent de l'air comprimé qui, s'échappant par en bas, chasse l'eau, et permet aux ouvriers de travailler sur un sol asséché.

Depuis l'invention qu'en fit M. Triger, cette méthode a été souvent employée dans les mines de Maine-et-Loire, de Douchy, etc., aux ponts de Kehl, d'Argenteuil, de Bayonne, etc., aux ports de Brest, de Bordeaux, etc. Les pressions employées se sont élevées jusqu'à près de 5 atmosphères. Or, toutes les foi qu'elles ont dépassé 3 atmosphères, certains ouvriers ont présenté des accidents plus ou moins graves. Les médecins ont naturellement observé avec beaucoup de soin ces phénomènes. Voici les principaux parmi ceux qu'ils ont constatés.

Au moment de la compression et à celui de la décompression (actes qui se passent toujours avec une imprudente rapidité), surviennent des douleurs d'oreilles, dues à des tensions inégales sur les deux faces de la membrane du tympan. La compression obtenue, les ouvriers travaillent dans les tubes sans rien éprouver : comme le disaient Pol et Vatelle, on ne paye qu'en sortant. C'est alors, en effet, que surviennent fréquemment des démangeaisons violentes à la peau, des *puces*, comme les appellent les ouvriers, ou encore des douleurs musculaires avec gonflement, des *moutons*. Ce n'est pas tout, on constate parfois des vertiges, voire même des paralysies. Enfin, on a signalé des cas de morts plus ou moins subites. Au sortir des tubes de Bayonne, M. C..., ingénieur, est frappé de perte de connaissance, avec paralysie complète ; il se remet partiellement, et traîne encore aujourd'hui, après dix ans, une paraplégie incurable. A Kehl, à Douchy, des ouvriers sont tombés morts, comme foudroyés.

Pour tous les médecins qui se sont occupés de la question, ces phénomènes sont dus à des congestions ou à des apoplexies. Selon la plupart d'entre eux, la compression, agissant à la fois sur la peau et la muqueuse pulmonaire, tendrait à chasser le sang dans les organes profonds ; la décompression brusque ferait un effet inverse, et, dans ce double choc, les vaisseaux du cerveau ou de la moelle épinière céderaient. C'est, dans une situation inverse, l'explication à laquelle j'ai fait allusion plus haut à propos du mal des montagnes. Or, elle est absolument contraire aux lois de la physique ; la pression dans une matière semi-fluide, comme l'est le corps humain, se transmet instantanément dans tous les sens et à toutes les profondeurs. En vain objecterait-on que le crâne empêcherait la pression d'agir sur la masse du cerveau, dont les vaisseaux sanguins seraient alors tendus outre mesure : cela n'est pas exact, le cerveau étant en communication avec le corps par d'autres tissus que les vaisseaux sanguins. Je n'insiste pas davantage, et veux seulement faire observer que les accidents n'arrivent *jamais* au moment de la compression, mais seulement lors du retour à l'air extérieur.

M. Bouchard (1), qui croit aussi aux hémorrhagies, les a
expliquées par un autre mécanisme, lequel, s'il n'est pas exact,
est du moins parfaitement acceptable au point de vue physique.
Enfin, M. le professeur Rameaux (de Strasbourg) (2) a émis
une théorie d'un tout autre ordre; je reviendrai sur ces faits
pour démontrer expérimentalement l'exactitude de la théorie
du professeur Rameaux.

Ces accidents brusques ne sont pas les seuls qui atteignent les
ouvriers des tubes. Ceux qui ont travaillé pendant un certain
temps dans l'air comprimé, à 3 ou 4 atmosphères, prennent un
aspect particulier, sont atteints d'une sorte de cachexie. Leur
peau ternit, leurs digestions deviennent difficiles, des troubles
circulatoires et nerveux les poursuivent; leurs forces diminuent.
Chose curieuse! au début de cet état maladif, tout s'améliore
lorsque l'ouvrier rentre dans les tubes et se comprime à nouveau;
mais le malaise est aggravé lors du retour à la pression normale.
Tout cela peut entraîner des maladies graves, quelquefois même
la mort.

Il n'y a pas que les accidents pathologiques causés par l'action
prolongée de l'air comprimé qui soient améliorés par lui. Les ouvriers ont remarqué que certaines inflammations des muqueuses,
que les coryzas par exemple, étaient, au début, enrayés, jugulés,
peut-on dire, par un séjour dans les tubes. A Argenteuil comme
à Strasbourg, ces observations ont été confirmées et régularisées
par les médecins; mais il faut dire qu'ils ont été bien mal inspirés
en attribuant cet arrêt de la congestion à une compression, un
écrasement de la muqueuse contre les plans solides sous-jacents.
Cette erreur physique domine leurs écrits : pâleur de la peau,
congestions internes, accidents abdominaux et nerveux attribués
à celles-ci, modifications circulatoires, ils expliquent tout cela
par ce refoulement des liquides de la périphérie vers le centre ;
et c'est dans ces alternatives de déplacement sanguin de la peau
vers les profondeurs, puis de celles-ci vers la peau, qu'ils trouvent

(1) *Pathogénie des hémorrhagies*. Paris, 1869.
(2) Cité dans la thèse de Bucquoy. Strasbourg, 1861, p. 59.
        ARTICLE N° 1.

la raison des phénomènes morbides constatés. Ils confondent ainsi, dans une même explication qui pèche par la base, les troubles à longue portée qui atteignent les anciens ouvriers, et les accidents subits qui frappent l'ouvrier, parfois à sa première séance, au moment de la décompression. Nous verrons qu'il convient de distinguer absolument ces deux circonstances.

Je dois faire observer ici que beaucoup de médecins avaient été frappés d'un phénomène remarquable : sous l'influence d'une forte pression, le sang des veines change de couleur et rougit. Les auteurs (Pol et Vatelle, Pravaz, Bucquoy, Foley, Vivenot, etc.) n'hésitent pas à en conclure qu'il s'est chargé d'une plus grande quantité d'oxygène, et que l'hématose exagérée doit avoir pour conséquence des oxydations intra-organiques plus actives. De là, selon eux, le sentiment de bien-être de l'ouvrier qui travaille dans les tubes ; de là son malaise, lorsque l'air extérieur ne fournit plus aux tissus la dose d'oxygène accoutumée, le besoin de la compression nouvelle, etc... Mais c'est à grand tort qu'ils ont tous mêlé cette vue simple et supérieure de la suroxydation du sang à des déductions purement théoriques et, comme nous le verrons, tout à fait erronées, sur la suroxydation des tissus et la suractivité vitale, et qu'ils la compromettent en l'associant à la malheureuse doctrine de l'écrasement mécanique par la compression de la peau, et de la congestion des organes internes. Il n'est pas inutile non plus de remarquer que certains auteurs, qui ont écrit postérieurement au travail de Fernet, ont cru devoir soumettre à une critique particulière cette question de la suroxydation du sang. Bucquoy, considérant la combinaison de l'oxygène avec ses globules comme fixe et invariable, fait jouer un rôle prédominant à l'oxygène dissous dans le sérum.

Je dirai peu de chose des applications thérapeutiques de l'air comprimé, bien que je leur attribue une très-grande importance pratique ; mais les médecins qui les ont employées n'en ont pas tiré un bien utile parti au point de vue physiologique. Leur sphère d'action, très-différente de celle des médecins des tubes, ne dépasse pas 2 atmosphères. A Paris, M. Leval-Picquechef, qui disposé d'une partie des anciens appareils de Tabarié, n'emploie guère qu'une compression de 10 à 20 centimètres.

Les effets remarquables obtenus sous ces faibles pressions dans les bronchites chroniques, l'asthme, l'emphysème pulmonaire, et surtout les anémies et les hémorrhagies passives, auraient bien dû éloigner les médecins de leur première erreur sur l'action de compression. Il n'en est rien cependant, et en Allemagne comme en France, c'est toujours l'écrasement des muqueuses, la dilatation du poumon par l'air comprimé, qui servent de thème commun pour l'explication. Cela est particulièrement curieux en Allemagne, où des physiologistes de profession ont étudié ces questions avec tout le luxe d'outillage et de calcul précis dont on fait là-bas un véritable abus. Rien de singulier comme de voir déployer toutes les ressources de la physique la plus délicate pour tirer les conséquences d'une théorie qui ne peut soutenir l'examen physique le plus élémentaire.

Il faut avouer cependant qu'un fait fort remarquable était bien de nature à les fixer dans leur erreur. Lorsqu'un emphysémateux se soumet à l'action de l'air comprimé, il voit très-rapidement sa capacité respiratoire augmenter dans une proportion extraordinaire, de plus d'un tiers parfois. Il semble que le poumon se dilate comme si l'on y insufflait réellement de l'air comprimé, et les auteurs n'ont pas hésité à admettre cette interprétation, oubliant que le même air comprimé entoure extérieurement le corps, et transmet aux capillaires pulmonaires, au tissu du poumon, son excès de pression. Ajoutons que cette amélioration si capitale persiste, après que le malade est sorti des appareils, et peut durer pendant des semaines, des mois, quand le traitement a été suffisamment prolongé, au grand bénéfice de l'asthmatique, pendant tout ce temps soulagé.

Il me reste, avant de finir ce rapide historique, à parler des pêcheurs, des plongeurs à scaphandre. Je ne dirai rien des plongeurs *à cru*, sur lesquels je n'ai fait aucune expérience : c'est de ceux-ci qu'il est permis de dire qu'ils sont écrasés par la pression, qui tend à resserrer leur thorax plein d'air ; les troubles circulatoires, les hémorrhagies qu'ils éprouvent, trouvent dans cette action mécanique une facile explication.

Les plongeurs à scaphandre sont dans des conditions tout à fait semblables, quant au point de vue qui nous occupe, aux ouvriers des tubes. L'air qu'ils respirent est exactement à la pression que mesure la colonne d'eau qui les surmonte : du moins lorsqu'ils emploient le régulateur Denayrouze, qui assure, avec une remarquable exactitude, cette égalité de pression. Aussi, les accidents qu'ils éprouvent sont-ils du même ordre ; seulement, comme ils se risquent à aller jusqu'à 50 et 60 mètres de profondeur, et comme ils se décompriment au moins aussi vite que les ouvriers des tubes, ils courent des dangers bien plus graves. Les paraplégies, s'étendant aux organes du bas-ventre, sont très-communes, et très-souvent elles se terminent par la mort ; celle-ci survient même presque instantanément dans beaucoup de cas. Suivant M. Leroy de Méricourt, une seule compagnie anglaise, sur 24 plongeurs, en a perdu 10, dont 3 sont morts subitement, les 7 autres après plusieurs mois de paralysie. On n'a pas manqué d'invoquer ici encore les prétendus chocs dus à la décompression, les refoulements centripètes dus à la compression, et d'attribuer ces accidents à des congestions ou à des hémorrhagies de la moelle, du cerveau, d'autres organes. Nous verrons que le mécanisme anatomique imaginé n'est pas plus exact que la cause invoquée n'est acceptable en physique.

CHAPITRE PREMIER

DE LA MORT DES ANIMAUX MAINTENUS EN VASES CLOS SOUS DIVERSES PRESSIONS BAROMÉTRIQUES.

Je crois inutile de donner les motifs pour lesquels j'ai attaqué le problème par la voie indirecte qu'indique le titre du présent chapitre ; mais je dois compléter ce titre en disant qu'il s'agit ici de la composition de l'air devenu mortel pour l'animal qui y a séjourné. C'est par les résultats que m'a fournis cette méthode que je commence l'exposé de mes recherches, pour cette raison que l'explication fondamentale des influences des pressions baro-métriques diverses ressort des réflexions qu'ils suggèrent. Or, c'est l'explication des phénomènes, bien plus que leur description minutieuse, qui constitue la science et importe à l'expérimenta-teur. Aussi rejetterai-je à la fin de cette étude la description des troubles consécutifs à l'abaissement ou à l'augmentation de pres-sion : cherchons d'abord, sachant qu'ils existent, à quoi ils sont dus.

Les résultats auxquels je suis arrivé sont d'une simplicité telle, qu'on pourrait les énoncer presque en une phrase. Il convient cependant de donner quelques développements.

## § 1.

#### De la diminution de pression.

Les animaux (nécessairement d'assez petite taille) étaient pla-cés sous des cloches de verre adhérentes à des plaques de ma-chine pneumatique. Tous les raccords étaient noyés dans l'eau, de manière à obtenir une fermeture exacte. On faisait graduelle-ment le vide, sous courant d'air, jusqu'au point voulu, pour fer-mer ensuite les robinets. Une pompe à mercure servait à extraire les gaz destinés à l'analyse. J'avais disposé un système d'appareils qui me permettait de faire jusqu'à quatre expériences simulta-nées et comparatives. Ce n'est pas ici le lieu d'insister sur ces détails descriptifs.

Les animaux sur lesquels j'ai fait le plus grand nombre d'ex-périences sont les Moineaux. Je ne parlerai pas des phénomènes qu'ils présentaient : les uns appartiennent à la diminution de pression elle-même, ils seront décrits dans un autre chapitre du présent mémoire ; les autres sont l'effet du confinement, et leur analyse trouvera également place ailleurs. Je me bornerai à donner ici, sous forme de tableau, un résumé des résultats four-nis par mes expériences, au point de vue de la composition de l'air où le Moineau périssait après un certain temps.

J'appelle d'abord l'attention sur les colonnes 7 et 8 du tableau I (p. 22), qui indiquent la composition de l'air devenu mortel à la suite du confinement. Les résultats en sont plus faciles à saisir, étant mis sous la forme graphique, comme dans le tracé ci-dessous : les pressions en centimètres de mercure sont portées sur l'axe des abscisses, les quantités d'oxygène et d'acide carbonique

Graphique I.

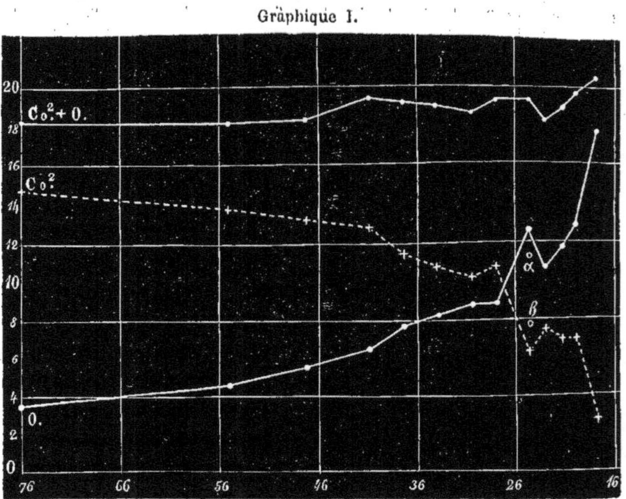


sur celui des ordonnées. Les points inscrits sur le tracé correspondent aux moyennes marquées par des accolades dans les colonnes 7 et 8 du tableau I.

On voit du premier coup d'œil que la proportion d'oxygène contenu dans l'air devenu mortel va en augmentant, à mesure que diminue la pression barométrique ; en d'autres termes, que l'animal épuise de moins en moins l'air dans lequel il est confiné. Le tracé montre cependant une sorte d'irrégularité aux environs de 25 centimètres; mais, sans m'appesantir ici plus que de raison sur l'explication de ce point de rebroussement, je ferai remarquer qu'une moyenne plus étendue donne comme résultat le point α, qui rend au graphique sa marche régulièrement ascendante. Nous verrons tout à l'heure que cette courbe, si l'on fait abstraction des petites irrégularités qui dépendent fata-

   **P. BERT.**

lement des erreurs d'expérience, répond à une définition géométrique exacte, et n'est autre chose qu'une *branche d'hyperbole*.

TABLEAU I.

| 1. | 2. | 3. | 4. | 5. | 6. | 7. | | 8. | | 9. |
|---|---|---|---|---|---|---|---|---|---|---|
| Numéros. | Température extérieure. | Pression barométrique. | Capacité de la cloche. | Durée de la vie. | Durée de la vie par litre d'air rapporté à 76 c. de pression. | Composition de l'air mortel. | | | | $\frac{O \times P}{76}$ |
| | | | | | | O. | | Co². | | |
| | o | c | lit. | h. m. | h. m. | | | | | |
| 1. | 15 | 76 | 1 | 1 5 | 1 5 | 3 | | 14,8 | | 3,0 |
| 2. | 15 | 76 | 1,9 | 1 55 | 57 | 4,2 | 3,5 | 14,6 | 14,7 | 4,2 |
| 3. | 16 | 75 | 2,5 | 3 23 | 1 20 | 3,5 | | 14,6 | | 3,5 |
| 4. | 24 | 75 | 1,3 | 3 45 | * 2 50 | 3,3 | | 16,0 | | 3,3 |
| 5. | 16 | 55 | 3,2 | 4 31 | 1 57 | 4,5 | 4 | 14,4 | 13,9 | 3,2 |
| 6. | 22 | 55 | 2,5 | 1 40 | 1 3 | 4,6 | | 13,4 | | 3,3 |
| 7. | 21 | 48,5 | 1,5 | 1 25 | 1 32 | 5,2 | 5,3 | 14,1 | 13,2 | 3,3 |
| 8. | 22 | 47 | 3,2 | 1 53 | 57 | 5,5 | | 12,4 | | 3,4 |
| 9. | 21 | 41,3 | 1,9 | 1 45 | 1 45 | 6,5 | | 12,9 | | 3,5 |
| 10. | » | 38 | 3,2 | 1 30 | 56 | 8,2 | 7,7 | 11,6 | 11,5 | 4,1 |
| 11. | 17 | 37 | 25 | 1 45 | 1 27 | 7,2 | | 11,5 | | 3,5 |
| 12. | 16 | 34,3 | 4,6 | 2 34 | 1 21 | 8,2 | | 10,8 | | 3,7 |
| 13. | 20 | 30,8 | 11,5 | 6 53 | 1 28 | 8,3 | | 9,8 | | 3,4 |
| 14. | 20 | 30,5 | 2,5 | 1 31 | 1 31 | 10,0 | | 10,4 | | 4,0 |
| 15. | 20 | 30,3 | 5 | 2 | » | » | 8,7 | » | 10,1 | » |
| 16. | 20 | 30,3 | 5 | » | » | 8,3 | | 10,3 | | 3,3 |
| 17. | 20 | 30,3 | 7 | 4 25 | 1 34 | 8,2 | | 10,1 | | 3,2 |
| 18. | 18 | 29 | 3,2 | » | » | 9,3 | | 11,2 | | 3,5 |
| 19. | 17 | 28,3 | 3,2 | 1 30 | 1 15 | 7,9 | 8,6 | 10,3 | 10,8 | 3,0 |
| 20. | 19 | 27,8 | 3,2 | 2 | 1 44 | 8,5 | | 10,9 | | 3,1 |
| 21. | 20 | 26,1 | 5 | 6 | » | » | | » | | » |
| 22. | 22 | 25 | 2,8 | 1 2 | 1 7 | 11,3 | | 8,1 | | 3,6 |
| 23. | 16 | 24,5 | 3,2 | 38 | * 38 | 12,8 | | 6,2 | | 4,1 |
| 24. | 20 | 24,2 | 11,5 | 5 | 1 22 | 13,7 | 12,4 | 5,4 | 6,7 | 4,3 |
| 25. | 20 | 24,2 | 7 | 2 10 | 58 | 12,6 | | 7,0 | | 4,0 |
| 26. | 20 | 24,2 | 5 | 1 50 | 1 10 | 11,6 | | 7,8 | | 3,6 |
| 27. | 20 | 24,2 | 2,5 | 1 4 | 1 21 | 12,6 | | 5,9 | | 4,0 |
| 28. | 15 | 23 | 5 | 1 35 | 1 8 | 10,3 | 10,7 | 7,5 | 7,5 | 3,1 |
| 29. | 22 | 23 | 3,2 | » | » | 11,2 | | 7,6 | | 3,4 |
| 30. | 17 | 21,5 | 4,6 | 1 40 | 1 17 | 11,8 | | 7,0 | | 3,3 |
| 31. | 19 | 20,8 | 4,6 | 2 | » | » | | » | | » |
| 32. | 19 | 20 | 2,2 | 2 | » | » | | » | | » |
| 33. | 19 | 19,7 | 5 | 1 45 | 1 20 | 12,9 | | 7,0 | | 3,3 |
| 34. | 21 | 18 | 11,5 | 1 4 | * 23 | 17,7 | | 2,8 | | 4,2 |
| 35. | 21 | 17,5 | 11,5 | 3 | » | » | | » | | » |
| 36. | 16 | 17,4 | 11,5 | 11 | » | 19,6 | | 0,6 | | 4,5 |
| | | | | | Moyenne, en écartant ceux marqués d'un astérisque : 1 h. 16 m. | | | | | Moyenne 3,5 |
| Moyenne de plusieurs expériences entre + 6° et — 5° de 52c à 29c de pression............... | | | | | 57 | ............... | | | | 4,5 |

ARTICLE Nº 1.

Le graphique qui exprime les proportions d'acide carbonique marche en sens exactement inverse, avec quelques irrégularités du même ordre et peu intéressantes.

En définitive, la mort, aux très-faibles pressions (je n'ai pu chez les Moineaux dépasser 17 centimètres, et encore me fallait-il, pour obtenir ce résultat, de très-grandes précautions), arrive, en vases clos, dans un air de moins en moins altéré, et vers la fin dans un air presque pur. Il ressort immédiatement de ceci qu'il convient d'exonérer complétement de toute influence sérieuse sur le résultat final l'acide carbonique, dont la proportion finit par devenir insignifiante. Au reste, des expériences dans lesquelles l'acide était absorbé par de la potasse, au fur et à mesure de sa formation, sans que la composition centésimale en oxygène fût modifiée, prouvent bien qu'il n'est pour rien dans la mort. Les observations que je vais faire relativement à l'oxygène donnent encore plus de force à cette conclusion.

Considérons maintenant d'un peu près cette proportion croissante de l'oxygène restant. Il paraît, à première vue, difficile de faire intervenir dans l'explication de la mort des animaux la privation d'oxygène, alors que l'air en contient encore 12, 15 et 17 pour 100. Mais si, au lieu de nous arrêter à la proportion, nous examinons la tension, nous arrivons à un résultat très-remarquable. La tension d'un gaz dans un mélange gazeux, à des pressions barométriques variables, est évidemment exprimée par le produit de la proportion centésimale que multiplie la pression. Si nous prenons comme unité la pression normale de 76 centimètres, la tension de l'oxygène, dans l'air devenu mortel à cette pression normale, est, d'après notre tableau, en moyenne, $3,5 \times P = 3,5 \times \frac{76}{76} = 3,5$ ; à 55 centimètres de pression, elle sera $4,5 \times \frac{55}{76} = 3,3$ ; etc.

Ces calculs effectués nous donnent les nombres contenus dans la colonne 9 du tableau. On voit qu'ils oscillent entre 3 et 4,3 : les différences n'ayant aucun rapport avec la valeur de la pression. C'est ce qu'il est aisé de voir à l'inspection du graphique II, qui exprime les moyennes des résultats de cette colonne 9.

A une même pression, comme le montrent les petites croix (les points exprimant les moyennes), on a des écarts aussi grands

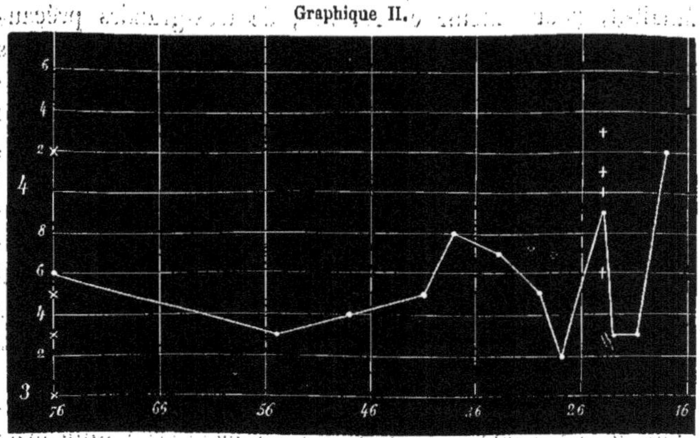


que ceux du tracé tout entier. Ce sont là de ces différences que présentent toujours des expériences faites dans des conditions en apparence identiques, et qui montrent, entre autres choses, combien serait illusoire la précision des décimales.

En résumé, je puis dire, en m'autorisant des faits ci-dessus énoncés, que, *dans l'air confiné, à la pression d'une atmosphère et aux pressions moindres, la mort des Moineaux arrive lorsque la tension de l'oxygène est représentée par un chiffre qui varie de 3 à 4.*

Si nous nous reportons à la colonne 7 du tableau, et au graphique pour l'oxygène, de la page 21, nous voyons que chacun des points peut être donné par une équation de la forme $xy = k$. Par exemple, pour le point qui correspond à 41 centimètres de pression, l'équation sera $\frac{41}{76} \times 6,5 = 3,5$. Il est facile de voir que cette courbe est, ainsi que je l'ai dit plus haut, une branche d'hyperbole équilatère ayant pour asymptotes l'axe des $x$ et une parallèle à l'axe des $y$ s'élevant du point où serait placé sur l'axe des $x$ le zéro des pressions.

Ceci nous permet de déterminer la limite inférieure de pression qu'il ne sera pas possible de dépasser sans faire périr les Moineaux. La pression de l'oxygène dans l'air étant représentée, à une atmosphère, par 20,9, le minimum de pression ressortira de l'équation $\frac{x}{76} \times 20,9 = 3$, d'où $x = 10^c,9$; il sera évidemment très-rare de pouvoir arriver à cette pression, le chiffre 3 étant un minimum exceptionnel. Le second chiffre obtenu 4,2 donnerait pour $x$ la valeur 15,6. Mais on ne saurait espérer atteindre même 12 ou 15 centimètres dans des expériences rapides, brutales en quelque sorte. Il serait nécessaire d'habituer lentement l'animal à la pression diminuée, de le refroidir, comme il advient dans la mort en vases clos, surtout sous les basses pressions, pour lui permettre de supporter d'aussi énormes privations d'air. J'ai pu, en prenant les précautions suffisantes, voir un Moineau survivre à une dépression, qui a varié pendant une demi-heure de 17 à 15 centimètres, avec de brusques oscillations tombant à 10 centimètres, pour se relever aussitôt ; sa température s'était notablement abaissée.

D'autres remarques moins intéressantes, il est vrai, ressortent du tableau ci-dessus transcrit. Tout d'abord la dernière ligne montre que, lorsque la température est très-basse, l'épuisement d'oxygène est moins avancé au moment de la mort qu'aux températures moyennes. La moyenne, en effet, de la colonne 9 passe de 3,5 à 4,5. En outre, la moyenne de la durée de la vie, dans les conditions spécifiées par la colonne 6, diminue, et tombe de 76 minutes à 57. Des faits analogues ont été déjà signalés dans l'asphyxie en vases clos à la pression normale.

On ne trouve pas de rapports bien nets entre le tracé A (page 27, graphique III), qui exprime la tension de l'oxygène à la fin de l'expérience (colonne 9), et le tracé B, qui exprime la durée de la vie des Oiseaux (colonne 6). Cette durée est calculée en rapportant à 76 centimètres le volume de l'air déprimé, et en cherchant combien de temps a vécu l'Oiseau pour chaque litre

26         **P. BERT.**

d'air ainsi déterminé. Il résulte de la comparaison des deux graphiques, — dans lesquels les expériences sont classées par numéros
d'ordre, et où, par conséquent, la pression va en diminuant de
gauche à droite, — que l'épuisement plus ou moins grand de l'air
(graphique A) n'est rien moins qu'en rapport constant avec la
durée de la vie (B), une durée très-courte pouvant coïncider
avec un épuisement considérable (expérience 8), ou inversement
(expérience 14). Cependant, si l'on prend la moyenne de la durée
de la vie correspondant aux épuisements avancés (au-dessous
de 3,5), on trouve le chiffre de 1 heure 11 minutes ; tandis qu'en
faisant le même calcul pour les faibles épuisements, on trouve
1 heure 23 minutes (la moyenne générale étant, colonne 6,
de 1 heure 16 minutes). Ainsi, d'une manière générale, plus
l'animal vit longtemps, plus il épuise l'air, et cela n'a rien que
de très-naturel.

Nous enquérant ensuite de la durée de la vie dans ses rapports
avec la capacité des cloches où mouraient les animaux, cette capacité étant, bien entendu, rapportée à 76 centimètres de pression,
et laissant de côté les cas tout à fait exceptionnels, comme ceux
des expériences 15, 21, 31, 32, et même 35 et 36, nous voyons
que le graphique C, qui exprime ces volumes variés, n'a rien de
commun avec le graphique B. Une capacité considérable peut
coïncider avec une durée médiocre de la vie (expériences 13, 24),
ou inversement (expérience 9). Mais si, comme dans le cas précédent, nous considérons les capacités correspondant aux durées
de vie plus longues que la moyenne (1 heure 16 minutes), nous
trouvons que leur valeur moyenne est de 2 litres, tandis que, pour
les morts plus rapides, la valeur n'est que de 1$^{\text{lit}}$,5. Donc, d'une
manière générale encore, la vie est plus longue quand la capacité
des vases est plus grande (le tout rapporté, cela est évident, à
l'unité de volume et à l'unité de pression).

Nous retrouvons ainsi, non modifiée par l'influence de la diminution de pression, une loi qu'avait autrefois formulée M. Claude
Bernard, tout en en signalant les nombreuses exceptions : les
principales sont dues au repos ou à l'agitation de l'animal ren-

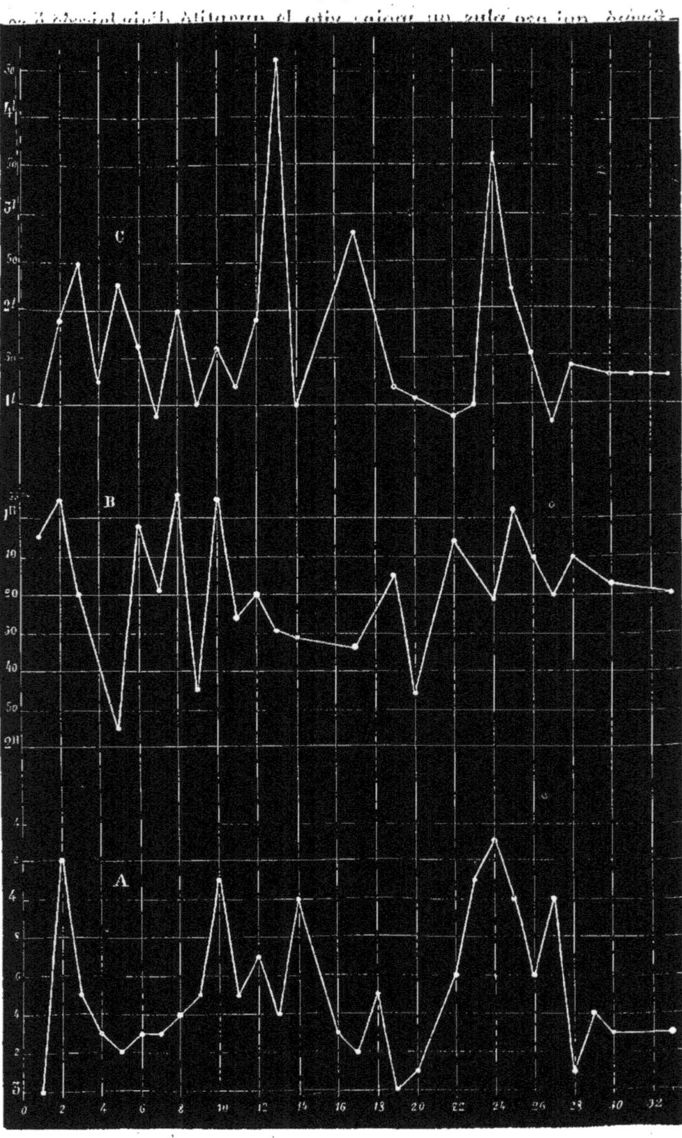

fermé, qui use plus ou moins vite la quantité d'air laissée à sa disposition.

Il nous reste maintenant à comparer les graphiques C et A, c'est-à-dire la capacité des vases avec l'épuisement d'oxygène. Ici encore les tracés concordent peu; nous rencontrons même des résultats fort opposés les uns aux autres, comme celui de l'expérience 19, où, à un vase étroit, correspond un épuisement maximum, et celui de l'expérience 24, où, dans un très-grand vase, il y a eu peu d'épuisement, comparés aux expériences 14 et 16 qui parlent en sens inverse; mais si l'on prend des moyennes, on voit que les chiffres inférieurs à 3,5 (graphique A) correspondent à une moyenne de $1^{lit},8$, tandis que ceux qui sont supérieurs correspondent à $1^{lit},6$. Il y a donc en somme quelque avantage pour les vases de grande capacité, et c'est encore une conclusion en rapport avec celles de M. Cl. Bernard. Mais les différences sont bien faibles, et l'on comprend, en examinant ces résultats assez nombreux, les contradictions non des expériences, mais des expérimentateurs.

Si maintenant, revenant sur nos pas, nous examinons à nouveau le tracé supérieur du graphique I (page 21), qui exprime la somme $CO_2 + O$ de l'acide carbonique produit, joint à l'oxygène restant dans l'air confiné devenu mortel, nous voyons que constamment cette somme est plus faible que le chiffre 20,9 qui équivalait à l'oxygène primitif. Ainsi se retrouve à toutes les diminutions de pression le fait signalé par les anciens auteurs sur l'asphyxie en vases clos. Mais ici nous voyons en outre que, aux très-faibles pressions, la valeur $CO_2 + O$ est plus forte; au-dessus d'une demi-atmosphère, elle est, en moyenne, de 18,7, et au-dessous elle est de 19,2. Ainsi, aux très-basses pressions, il sort dans l'air extérieur une proportion d'acide carbonique plus forte par rapport à celle de l'oxygène consommé. En étudiant les gaz du sang sans diminution de pression, nous nous rendrons aisément compte de ce phénomène.

En définitive, dans la mort en vases clos sous l'influence de la diminution de pression, tout ce que nous venons de voir tend à montrer que la mort est due pour la plus grande part, sinon pour le tout, à la privation d'oxygène, malgré la richesse de l'air ambiant. L'acide carbonique, bien évidemment, ne joue aucun rôle sérieux. Mais la diminution de pression, en tant qu'agent physique direct, a-t-elle quelque importance? La privation d'oxygène explique-t-elle tout?

Pour répondre à cette question, j'ai eu l'idée d'expérimenter avec de l'air très-riche en oxygène, afin de pouvoir diminuer considérablement la pression barométrique, sans trop abaisser la tension de l'oxygène. J'indiquerai bientôt les résultats des expériences entreprises par cette méthode ; mais je crois devoir au - paravant énoncer ceux que m'ont fournis, dans l'air ordinaire, des animaux autres que les Moineaux, dont j'ai jusqu'ici exclusivement parlé.

Ils sont résumés dans le tableau ci-après (tableau II, p. 30) :

J'appellerai en peu de mots l'attention sur quelques détails de ces faits, sans rentrer dans l'étude analytique développée à propos des Moineaux.

On remarquera d'abord, par l'inspection de la colonne 10, que pour chaque espèce se trouve vérifiée la loi établie par les expériences précédentes, le chiffre qui exprime la tension de l'oxygène dans l'air mortel étant sensiblement constant.

Pour les Chouettes et les Cresserelles, Rapaces voisins de tant d'oiseaux de haut vol, ce chiffre (4,5) indique une susceptibilité à la dépression qui a lieu d'étonner, et qui paraît peu concorder avec le genre de vie de leurs congénères : les Moineaux avaient donné pour moyenne 3,5.

Chez les Chats, le chiffre est presque aussi élevé (4,4); il l'est notablement plus que chez les Lapins (3,8), et surtout que chez les Cochons d'Inde (2,5). Il s'abaisse encore davantage chez les Chats nouveau-nés (2,2), qui se rapprochent ainsi des animaux à sang froid. Les résultats que m'ont donnés ceux-ci ne sont pas assez intéressants pour que je les indique avec détail. Chez les Grenouilles, le chiffre moyen est de 1,5 (1). Tout cela est par-

_______

(1) Des Chrysomèles, aux pressions de 76°,9 et même 4 centimètres, ont épuisé complétement l'oxygène de l'air, et, laissées pour mortes, sont ensuite revenues à la vie.

TABLEAU II.

| 1.<br>Numéros. | 2.<br>ESPÈCE D'ANIMAL. | 3.<br>Poids. | 4.<br>Pression barométrique. | 5.<br>Capacité de la cloche. | 6.<br>Durée de la vie. | 7.<br>Durée par litre d'air rapporté à 76 c. de pression et par kilogr. d'animal. | 8.<br>O. | 9.<br>Co². | 10.<br>$\frac{O \times P}{76}$ |
|---|---|---|---|---|---|---|---|---|---|
| | | | | | | | Composition de l'air mortel. | | |
| | OISEAUX. | gr. | c | lit. | h. m. | m. | | | |
| 1. | *Strix psilodactyla*..... | 125 | 76 | 2,25 | 1 53 | 6,2 | 3,3 | 13,4 | 3,3 |
| 2. | Id............... | 125 | 27,5 | 7 | 1 10 | 3,4 | 13,4 | 6,4 | 4,8 |
| 3. | Id............... | 125 | 22,5 | 7,5 | 37 | 2,4 | 17,1 | 3,3 | 5,0 |
| 4. | Id............... | 170 | 19 | 11,5 | 35 | 2,4 | 17,6 | 2,6 | 4,4 |
| 5. | *Falco Tinnunculus*..... | » | 19,5 | 13,5 | 12 | » | 20 | 0,8 | 5,1 |
| | | | | | Moy. | 3,4 | | Moy. | 4,5 |
| | MAMMIFÈRES. | | | | | | | | |
| 1. | Chat d'un mois...... | 280 | 76 | 3,2 | 1 20 | 7,7 | 4,4 | 13,4 | 4,4 |
| 2. | Id............... | 380 | 54 | 7 | 1 20 | 7,4 | 7,2 | 11,4 | 4,9 |
| 3. | Id............... | 460 | 21,8 | 13,5 | 29 | 3 | 15,5 | 5,1 | 4,4 |
| 4. | Id............... | 665 | 16 | 15,5 | 5 | » | 19 | 1 | 4 |
| 5. | Id............... | 485 | 16 | 15,5 | 20 | 3 | » | » | » |
| 6. | Chat adulte......... | 2570 | 29,5 | 21,5 | 25 | 8,7 | 10,3 | 9,6 | 4 |
| | | | | | Moy. | 5,9 | | Moy. | 4,4 |
| 7. | Chats âgés de 3 jours.. | 125 | 58 | 550ᶜᶜ | 1 55 | 33 | 0,3 | 17,1 | 2,2 |
| 8. | Id............... | 125 | 25,5 | 2,5 | 2 35 | 24 | 7,1 | 13,5 | 2,4 |
| 9. | Id............... | 125 | 20,5 | 3,2 | 4 15 | 37 | 8,5 | 12 | 2,2 |
| 10. | Id............... | 125 | 13,5 | 5 | 4 30 | 32 | 13 | 7 | 2,2 |
| | | | | | Moy. | 31 | | Moy. | 2,2 |
| 11. | Lapin............ | » | 76 | kil.<br>11,5 | 2 | » | 3,7 | 15,2 | 3,7 |
| 12. | Id............... | 1,9 | 44 | 20,7 | 1 25 | 16 | 5,9 | 13,3 | 3,2 |
| 13. | Id............... | 1,3 | 16 | 31 | 13 | » | 19 | 1,6 | 4,0 |
| 14. | Id............... | 1,6 | 29 | 20,7 | » | » | 11 | 9 | 4,2 |
| | | | | | | | | Moy. | 3,8 |
| 15. | Cochon d'Inde...... | 42 0 | 76 | 3,2 | 1 20 | 12 | 2,3 | 16,4 | 2,3 |
| 16. | Id............... | 47 0 | 46,5 | 5 | 1 20 | 14 | 3,5 | 16 | 2,4 |
| 17. | Id............... | 58 0 | 16 | 13 | 1 12 | 16 | 14,5 | 9,8 | 3,0 |
| 18. | Id............... | 4 90 | 12 | 10 | 15 | » | 19 | 3,1 | 3,0 |
| 19. | Id............... | 4 85 | 13,5 | 13,5 | 9 | » | 19,1 | 2,3 | 3,4 |
| 20. | Id............... | 6 20 | 35 | 16 | 2 55 | 24 | 4,9 | 17,2 | 2,2 |
| 21. | Id............... | 5 20 | 28 | 13,5 | 2 20 | 17 | 5,4 | 15,7 | 2,0 |
| 22. | Id............... | 6 20 | 19,5 | 19 | 2 40 | 21 | 8,1 | 15,6 | 2,0 |
| | | | | | Moy. | 17,3 | | Moy. | 2,5 |
| 23. | Chien............ | 4ᵏ,3 | 43 | lit.<br>34 | ..... | ..... | ..... | 5,4 | 3,0 |

ARTICLE Nº 1.

faitement en rapport avec les faits connus sur les conditions générales de la vie chez les Carnassiers, comparés aux Herbivores; chez les adultes, comparés aux nouveau-nés; chez les Cochons d'Inde, si faciles à refroidir, à abaisser pour ainsi dire, etc.

La colonne 7 nous présente encore des résultats assez intéressants; elle correspond à la colonne 6 du tableau de la page 22. Seulement ici le poids des animaux étant très-variable, il a fallu compliquer le calcul en rapportant la durée de la vie non-seulement au litre d'air sous la pression normale, mais au kilogramme d'animal. Ce nouvel élément donnerait pour les Moineaux, dont le poids ordinaire est d'environ 30 grammes, une moyenne voisine de 2 minutes.

Or, pour les Chouettes, la moyenne est notablement plus forte; de plus, chez les Mammifères, elle est beaucoup plus forte que chez les Oiseaux; elle est encore plus forte chez les Herbivores que chez les Carnassiers, et bien plus enfin chez les nouveau-nés que chez les adultes. Ce sont encore là des faits qui concordent fort exactement avec ce que nous ont appris MM. Regnault et Reiset sur la consommation plus ou moins grande d'oxygène que font les animaux (parité de poids) dans un temps donné, suivant leur taille, leur espèce, leur nourriture, leur âge, etc. Les faits en apparence exceptionnels se rapportent également à des lois connues : ainsi le Cochon d'Inde de l'expérience 15, dont la vie a été remarquablement courte, n'avait cessé de s'agiter dans la cloche, tandis que celui de l'expérience 20, où elle a duré deux fois plus, s'était considérablement refroidi.

Tout ceci, j'insiste à nouveau sur ce point, montre que la mort dans l'air confiné aux pressions inférieures à celle d'une atmosphère, étudiée dans ses divers aspects, fournit des résultats qui se mettent tout à fait en série avec ce que nous savons sur la consommation de l'oxygène et l'asphyxie en vases clos, etc.; d'où résulte la plus grande probabilité que ce sont les modifications apportées dans la respiration, et particulièrement dans l'absorption de l'oxygène, qui occasionnent les troubles consécutifs à la diminution de pression.

Voilà la probabilité; arrivons maintenant à la démonstra-

tion. Nous avons vu que, dans une atmosphère confinée, à quelque pression que ce soit (au-dessous d'une atmosphère), la mort
des Moineaux survient lorsque la tension de l'oxygène dans
l'air ambiant s'abaisse à 3,5 en moyenne. Lorsque la pression
est assez élevée, le chiffre de la tension n'arrive aussi bas
qu'après un certain temps, qu'après un épuisement dû à la
respiration de l'animal lui-même ; mais l'altération chimique
de l'air qui en est la conséquence devient, comme nous l'avons
vu, de moins en moins importante au fur et à mesure que la
pression diminue ; si bien que, vers 15 centimètres de pression, la mort arrive dans de l'air pur : elle arrive même,
comme je m'en suis maintes fois assuré, sous courant d'air, et
le confinement, l'altération chimique, ne sont ici pour rien.

Si les troubles divers, dont le détail prendra place ailleurs,
qui commencent à se manifester lorsque la pression s'abaisse
à 25 centimètres ; si les accidents graves qui surviennent vers
20 centimètres ; si la mort qui survient aux environs de 15 centimètres ; si tous ces phénomènes sont réellement dus à la faible
tension de l'oxygène à ces divers moments, on devra les éviter
en augmentant convenablement cette tension, sans modifier pour
cela la pression barométrique.

C'est ce à quoi il est facile d'arriver par l'emploi d'airs artifi-
ciels suffisamment riches en oxygène. Je disposais l'expérience
de la façon suivante : L'animal étant placé sous la cloche, je faisais
le vide jusqu'à 25 centimètres de pression environ ; puis je laissais la pression normale se rétablir, en faisant rentrer de l'oxygène au lieu d'air ; la même manœuvre, répétée deux ou trois
fois de suite, remplissait la cloche d'un air fortement suroxygéné, sur lequel je pouvais ensuite faire une diminution considérable de pression avant de fermer les robinets.

Dans ces conditions, je voyais, à la première diminution de
pression, l'Oiseau devenir très-malade vers 25 centimètres par
exemple ; dans l'air plus oxygéné, on passait, sans encombre,
cette pression, et le malaise n'apparaissait qu'aux environs de
18 centimètres ; plus bas encore, à la troisième dépression ; plus
bas, à la quatrième. Et, tandis qu'il m'a été extrêmement diffi-

cile, malgré maintes précautions, comme je le disais plus haut (page 25), d'amener un Oiseau dans l'air à 15 centimètres de pression, j'ai pu, dans une atmosphère d'oxygène presque pur, les faire descendre brusquement jusqu'à 8 et même 7 centimètres.

Lorsque, sous ces très-basses pressions, je fermais les robinets et laissais périr l'Oiseau, la mort arrivait, suivant la règle établie ci-dessus, au moment où la tension de l'oxygène s'abaissait au chiffre 3½ ou 4. C'est ce que montre le tableau suivant (tableau III).

TABLEAU III.

| 1. Numéros. | 2. Pression. | 3. Richesse en oxygène du mélange. | 4. Tension de cet oxygène à 76 c. | 5. Composition de l'air mortel. | 6. | 7. Tension de l'oxygène dans l'air mortel. |
|---|---|---|---|---|---|---|
| | | | | O. | CO². | |
| 1. | 18ᶜ | 85,9 | 20,3 | 15,4 | 68,1 | 3,6 |
| 2. | 14 | » | » | 23,8 | 48 | 4,3 |
| 3. | 12,5 | 88,4 | 14,5 | 22,2 | 66 | 3,6 |
| 4. | 8 | 82,3 | 8,6 | 41,8 | 37,2 | 4,4 |
| 5. | 6,6 | 87 | 7,5 | 66,7 | 17,3 | 5,8 |

Il reste donc établi que, soit dans un vase clos, par altération respiratoire, soit dans un courant d'air, la mort arrive par suite de la diminution de tension de l'oxygène ambiant. La diminution de pression barométrique n'est qu'un des moyens d'obtenir cette tension insuffisante. Mais il en est un second qui consiste à abaisser la proportion centésimale. C'est ce qui résulte évidemment de la simple considération de l'expression $O \times P = 3,5$.

La conséquence générale de tout ceci, c'est que les troubles, les accidents, la mort, qui surviennent par l'effet de la diminution de pression, sont dus tout simplement à l'asphyxie; c'est qu'un animal soumis à une diminution croissante de pression est semblable à un animal qui s'asphyxie en vases clos, dans l'air ordinaire, sous la réserve peu importante, comme nous le verrons plus tard, de l'action de l'acide carbonique produit. Le voyageur qui, s'élevant sur le flanc d'une montagne, sent un malaise croissant l'arrêter presque complétement quand la pression n'est plus que d'une demi-atmosphère, est comparable, malgré la pureté proverbiale de l'air qu'il respire, à ces mineurs de Bretagne qui deviennent incapables de tout travail dans les mines de pyrite, dont l'air, suivant Félix Leblanc (1), ne contient plus que 10 à 12 pour 100, que demi-proportion d'oxygène. La tension de l'oxygène est tout : la pression barométrique en elle-même ne fait rien ou presque rien.

J'insisterai sur ces faits et sur les conclusions à en tirer dans un autre chapitre, et j'indiquerai également ailleurs les conséquences pratiques qui peuvent en sortir.

## § 2.

### Augmentation de pression.

Les appareils dans lesquels j'ai étudié la composition de l'air comprimé devenu mortel par le confinement ne m'ont permis d'expérimenter que sur des animaux de petite taille. Ils sont de verre, de forme globuleuse ou cylindrique, d'une capacité qui varie de $0^{lit}$,6 à 2 litres. Il serait oiseux, je crois, d'en donner ici une description détaillée.

Lorsque j'ai commencé mes expériences sur la mort dans l'air confiné et comprimé, j'étais en droit de me demander si la règle que je venais de trouver pour l'air dilaté s'appliquerait encore ; si le produit $O \times P$ restant constant et égal en moyenne à 3,5, il en résulterait un épuisement d'autant plus grand (en proportion centésimale) de l'oxygène de l'air, que la pression serait plus élevée. Dans cette hypothèse, on ne devrait, à 3,5 atmosphères, trouver dans l'air que 1 pour 100 d'oxygène, que 0,5 pour 100 à 7 atmosphères, etc. L'expérience a montré combien cette manière de voir serait éloignée de la vérité.

Le tableau suivant (tableau IV) résume en effet les résultats d'une première série d'expériences faites sur des Moineaux :

(1) *Recherches sur la composition de l'air dans les mines* (*Ann. de chim. et de phys.*, 3e série, 1846, t. XV.

TABLEAU IV.

| 1. | 2. Pression en atmosphères. | 3. Composition de l'air mortel. | 4. | 5. $O \times P.$ | 6. $CO^2 \times P.$ |
|---|---|---|---|---|---|
| | | O. | CO². | | |
| 1. | 1 1/2 | 2,6 | 15,2 | 3,9 | 22,8 |
| 2. | 1 1/2 | 2,5 | 15,4 | 3,7 | 23,1 |
| 3. | 1 3/4 | 4,9 | 12,9 | 8,6 | 22,6 |
| 4. | 2 | 5 | 13,7 | 10 | 27,4 |
| 5. | 2 1/2 | 8,5 | 11,2 | 21,2 | 28,0 |
| 6. | 3 3/4 | 11,1 | 7,2 | 41,3 | 27,0 |
| 7. | 5 | 13,8 | 5,5 | 69 | 27,5 |
| 8. | 6 | 16,0 | 4,2 | 98 | 25,2 |
| 9. | 7 | 16,2 | 3,7 | 113,4 | 25,9 |
| 10. | 8,8 | 17,4 | 2,8 | 153,1 | 24,6 |
| | | | | MOYENNE........ | 25,4 |

La colonne 3 montre que l'air est de moins en moins épuisé
en oxygène, à mesure que la pression augmente (à partir de
1 1/2 atmosphères) ; la tension de l'oxygène est donc ici hors
de cause, ou du moins elle n'est jamais trop faible. L'acide carbonique (colonne 4) est également de moins en moins important
en proportion centésimale. Mais si nous considérons la colonne 6
qui exprime sa tension, nous voyons que celle-ci (toujours à partir
d'une atmosphère et demie) reste sensiblement constante, oscil-
lant autour du chiffre 25,4.

Voici donc une cause nouvelle de mort : c'est à savoir une
tension exagérée de l'acide carbonique, l'oxygène ne faisant
nullement défaut. M. Claude Bernard avait, il y a longtemps,
signalé une mort semblable chez les animaux maintenus en vases
clos dans de l'air très-suroxygéné ; les expériences assez nombreuses que j'ai moi-même publiées, il y a quelques années, sur
ce sujet, m'ont donné pour les Moineaux des nombres exprimant
la proportion d'acide carbonique mortel, sous la pression ordinaire dans l'oxygène, nombres tout à fait voisins de la moyenne
25,4 ci-dessus signalée.

J'ai répété ces expériences ; je les ai même variées en employant non-seulement des atmosphères suroxygénées, mais des

pressions inférieures à 76 centimètres. Je faisais ainsi une sorte de contre-expérience de la théorie donnée au paragraphe précédent pour expliquer la mort sous diminution de pression, et de celle que je donne actuellement pour expliquer la mort, en vases clos, sous pression de 1 à 8 atmosphères. En effet, dans l'air dilaté, sous la condition de fournir assez d'oxygène, la mort va arriver, comme dans l'air comprimé, par tension exagérée de l'acide carbonique.

C'est ce que montre le tableau suivant (tableau V) :

TABLEAU V.

| 1. | 2. | 3. | 4. | 5. | 6. | 7. |
|---|---|---|---|---|---|---|
| Numéros. | Pression. | Richesse en oxygène du mélange primitif. | Composition de l'air mortel. | | $O \times P.$ | $CO^2 \times P.$ |
| | | | O. | $CO^2.$ | | |
| 1. | 76 | 91 | 64,5 | 24,8 | 64,5 | 24,8 |
| 2. | 76 | » | 63,3 | 24,8 | 63,3 | 24,8 |
| 3. | 64 | » | 54,7 | 27,7 | 46,0 | 23,3 |
| 4. | 55 | 87,8 | 50,1 | 36,3 | 36,2 | 26,2 |
| 5. | 55 | 79,6 | 42,3 | 35,3 | 30,6 | 25,5 |
| 6. | 51 | 91,5 | 54,9 | 35,7 | 36,8 | 24,2 |
| 7. | 43 | » | 29,8 | 42,4 | 16.8 | 24,5 |
| 8. | 38 | » | 36,6 | 49,3 | 18,3 | 24,6 |
| 9. | 36 | 89,8 | 30,1 | 57,6 | 14,2 | 27,2 |
| 10. | 34 | 82 | 17,5 | 63,3 | 7,8 | 28,3 |
| 11. | 34 | » | 27,4 | 60 | 12,2 | 26,8 |
| 12. | 29 | » | 13,1 | 66 | 5,0 | 25,2 |
| 13. | 25 | 89,2 | 15,3 | 72,4 | 5,0 | 23,7 |
| 14. | 18 | 85,9 | 15,4 | 68,1 | 3,6 | 15,2 |
| | | | MOYENNE de 1 à 13............ | | | 25,7 |

L'examen de ce tableau montre que, quelle qu'ait été la pression (colonne 2), ou la composition centésimale primitive (colonne 3), pourvu que l'oxygène y soit en tension suffisante, la mort est arrivée avec une tension d'acide carbonique sensiblement égale à celle ci-dessus indiquée, puisque la moyenne des treize premières expériences donne 25,7.

Inversement, si nous parvenons, dans l'air comprimé en vases clos, à nous débarrasser de l'acide carbonique au fur et à mesure de sa formation, nous arrivons à des résultats tout à fait en rapport avec la théorie énoncée au paragraphe précédent, et dont les conséquences sont indiquées page 34. C'est-à-dire que l'épuisement de l'oxygène sera beaucoup plus considérable, en composition centésimale, qu'à la pression normale et surtout aux pressions inférieures, en telle sorte que la tension soit voisine de la moyenne 3,5.

Pour y parvenir, j'ai placé tout autour de mes Oiseaux sous pression des bandes de papier à filtre, imbibées d'une solution de potasse : procédé d'une application difficile, l'animal se mouillant parfois de potasse, d'où une mort prématurée. Cependant j'ai pu obtenir des résultats précis : ainsi, à 4 atmosphères d'air, la mort est arrivée avec $CO_2 = 0$, et Ox. $= 0,8$ ; d'où Ox. $\times$ P $= 3,2$ ; à 10 atmosphères, épuisement presque complet de l'oxygène.

Cette méthode est encore une double contre-épreuve qui vérifie à la fois les deux théories données ci-dessus.

Revenons maintenant à notre dernier tableau (tableau V). Nous voyons d'abord qu'à l'expérience 14, la tension de l'acide carbonique dans l'air mortel n'a été que de 15,2. C'est qu'ici le rôle dominateur est joué par la privation de l'oxygène, dont la tension dans l'air mortel n'est plus que de 3,6.

Cette expérience 14 est au reste la première du tableau III (page 33), où cette question est particulièrement étudiée. Or, dans ce cas précisément, la tension de l'oxygène dans le mélange primitif était exprimée par 20,3 (tableau III, colonne 4), c'est-à-dire qu'elle était égale à celle de l'oxygène dans l'air ordinaire à la pression normale. Aussi voyons-nous que les résultats sont identiques pour la mort, par l'air ordinaire confiné, à la pression de 76 centimètres (tableau I, expériences 1 à 4, colonnes 7 et 8), et par la mort dans une atmosphère à 85,9 pour 100 d'oxygène, sous la pression de 18 centimètres (tableau V, expérience 14, colonnes 6 et 7). Dans l'une et l'autre circonstance, on trouve des nombres tout à fait semblables pour exprimer, *en tension*, l'oxygène (3,5 ou 3,6) et l'acide carbonique (14,7 et 15,2), tandis que les compositions centésimales diffèrent entre elles comme 18 diffère de 76 (3,5 et 15,4 ; 14,7 et 68,1).

Ces faits suggèrent, on le comprend, des réflexions qui touchent à la théorie de l'asphyxie ordinaire, et au rôle qu'il convient d'y attribuer à la privation d'oxygène et à l'excès d'acide carbonique. Je renvoie leur développement à un autre chapitre.

Lorsqu'on examine avec attention la colonne 6 du tableau IV (page 35), on voit que, à partir de 2 atmosphères, le chiffre de la tension de l'acide carbonique, tout en restant voisin de la moyenne ci-dessus indiquée, va en diminuant à mesure que la pression augmente. Cette légère différence ne m'avait pas tout d'abord frappé ; mais lorsque je fis, dans un réservoir cylindrique de verre capable de supporter une pression de 25 atmosphères, des expériences à des pressions supérieures à celles du tableau IV, j'obtins des chiffres qui me démontrèrent l'intervention d'un autre élément dans la question.

J'inscris ici ces résultats sous forme de tableau (tableau VI).

TABLEAU VI.

| 1. | 2. | 3. | 4. | 5. | 6. | 7. | 8. |
|---|---|---|---|---|---|---|---|
| Numéros. | Pression. | Durée de la vie. | Tension de l'oxygène. | Composition de l'air mortel. | | $\dfrac{CO_2}{O}$ | $CO_2 \times P.$ |
| | | | | O. | $CO_2.$ | | |
| | | h.   m. | | | | | |
| 1. | 2atm. | »   » | 41,8 | 3,2 | 12,6 | 0,72 | 25,2 |
| 2. | 3 | 1  50 | 62,7 | 10,7 | 7,8 | 0,75 | 23,4 |
| 3. | 4 | 1  35 | 83,6 | 13,2 | 5,6 | 0,72 | 22,4 |
| 4. | 5 3/4 | 1  30  } 1 34 | 120,1 | 15,5 | 3,8 | 0,70 } 0,70 | 21,8 } 21,6 |
| 5. | 6 | 1  20 | 125,4 | 16 | 3,5 | 0,71 | 21,0 |
| 6. | 8 | 1  38 | 167,2 | 16,8 | 2,4 | 0,60 | 19,2 |
| 7. | 9 | 1  10 | 188,1 | 17,5 | 2 | 0,59 | 18,0 |
| 8. | 12 | 45 | 250,8 | 18,5 | 1,2 | 0,50 | 14,4 |
| 9. | 12 | » | 250,8 | 18,7 | 1,3 | 0,59 | 15,6 |
| 10. | 14 | » | 292,6 | 18,8 | 0,9 | 0,43 | 12,6 |
| 11. | 14 | 39 | 292,6 | » | 0,9 | » | 13,2 |
| 12. | 15 | » | 313,5 | 19,4 | 0,8 | 0,53 | 11,2 |
| 13. | 17 | 39 | 355,3 | 18,8 | 0,6 | 0,30 | 10,2 |
| 14. | 20 | 25 | 418,0 | » | 0,4 | » | 8,0 |

Un premier coup d'œil jeté sur la colonne 8 montre en effet que le nombre qui exprime la tension de $CO_2$ diminue rapidement à partir de 8 atmosphères, mais qu'il va en décroissant dès 3 atmosphères. Je laisse de côté ce fait secondaire qu'il

n'atteint jamais la valeur inscrite au tableau IV de 27 ou 28 ;
cela tient à la dimension des récipients, à la température ambiante, et à d'autres circonstances peu importantes.

La quantité de plus en plus faible de l'acide carbonique, eu
égard à la loi ci-dessus énoncée, se montre d'une manière très-

Graphique IV.

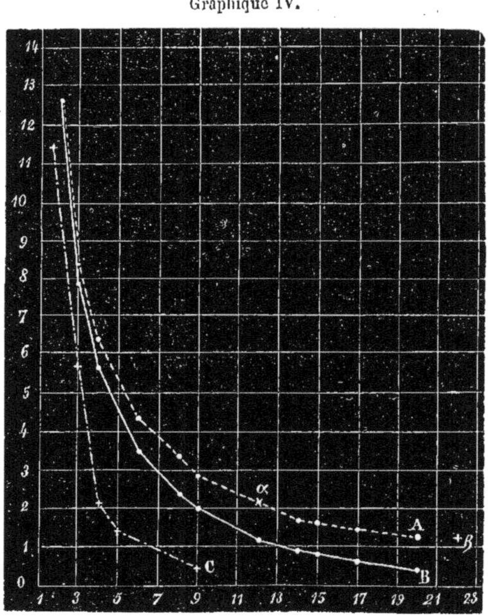

nette sur le graphique ci-dessus, où la ligne pleine B exprime les
chiffres de la colonne 6 (tableau VI), tandis que la ligne poin-
tillée A rejoint des points qui sont calculés en partant de l'équation $CO_2 \times P = 25,2$, d'où $CO_2 = \dfrac{25,2}{P}$. Cette ligne est, de même
que celle des proportions mortelles de l'oxygène dans les basses
pressions, une branche d'hyperbole équilatère, ayant pour
asymptotes les coordonnées.

Cet abaissement constant du tracé au-dessous de la courbe

qu'indiquait la théorie, devait me faire penser à l'intervention d'un agent autre que l'acide carbonique. Déjà des expériences de tâtonnement m'avaient montré que l'oxygène, sous une certaine pression, est une cause d'accidents et de mort. Son rôle funeste me paraissait manifeste ici. Deux méthodes pouvaient servir à faire preuve pour ou contre mon hypothèse.

Dans la première, je pouvais employer, pour faire la pression, de l'air peu riche en oxygène, l'action de celui-ci devant bien évidemment dépendre de sa tension, c'est-à-dire du produit $O \times P$. Or, dans deux expériences, qu'il suffit de rapporter ici, j'ai eu les résultats suivants :

A. Pression de 12 atmosphères, avec de l'air à 7 pour 100 d'oxygène (tension de l'oxygène $7 \times 12 = 84$, correspondant à 4 atmosphères d'air ordinaire). A la mort, l'air contenait CO : 2,1, dont la tension $2,1 \times 12 = 25,2$, donnait précisément la moyenne. Le point $\alpha$ indique sur le graphique la position qui revient à cette expérience.

B. Pression de 22 atmosphères avec de l'air à 10 pour 100 d'oxygène ; air mortel, $CO^2 = 1,1$ ; tension $1,1 \times 22 = 24,2$. Sur le graphique, point $\beta$, parfaitement en place.

La seconde méthode consiste à employer au contraire de l'air suroxygéné, et à montrer que la tension de l'acide carbonique mortel y est beaucoup plus faible que dans l'air ordinaire. Voici les résultats de quelques expériences (tableau VII) :

TABLEAU VII.

| 1.<br>Numéros. | 2.<br>Pression. | 3.<br>Tension<br>de l'oxygène<br>primitif. | 4. | 5. | 6.<br>$CO^2 \times P.$ |
|---|---|---|---|---|---|
| | | | Composition de l'air mortel. | | |
| | | | O. | $CO^2.$ | |
| 1. | 1 atm. 3/4 | 146,3 | 67,8 | 11,9 | 20,8 |
| 2. | 3 | 258 | 78,9 | 5,6 | 16,8 |
| 3. | 4 | 301 | 71,1 | 2,1 | 8,4 |
| 4. | 5 | 415 | 80,5 | 1,4 | 7,0 |
| 5. | 8,5 | 433,5 | 47,8 | 0,8 | 6,8 |

La simple inspection de la colonne 5 et de la ligne ponctuée inférieure C du graphique précédent (p. 39) montre que l'hypothèse est complétement confirmée. Il est donc démontré que l'oxygène, sous une certaine tension, est un agent redoutable qui vient d'abord mêler son action à celle de l'acide carbonique produit, et qui, pour les hautes tensions, est la cause principale, bientôt unique, de la mort. Cette tension, mesurée par l'expression $O \times P$, pouvant être atteinte, suivant la remarque déjà si souvent faite, soit en augmentant la pression $P$, soit la richesse centésimale $O$.

Un fait aussi remarquable, aussi paradoxal en apparence, méritait une étude approfondie. D'autant plus que, si l'on élimine dans l'air confiné l'acide carbonique produit, soit en opérant un courant d'air suffisant, soit en employant la potasse, l'oxygène reste seul pour expliquer les accidents qui surviennent. Je me contente ici de cette indication. L'étude de cette importante et curieuse question sera faite en son lieu avec le soin qu'elle mérite (voy. page 82).

J'en dis autant des applications pratiques qu'il est possible d'en tirer.

Je reviens maintenant pour quelques instants au tableau VI (page 38). Si nous examinons la colonne 3, nous voyons que la durée de la vie a été en diminuant à mesure que la pression augmentait. On pouvait prévoir à l'avance qu'elle n'augmenterait pas, malgré la quantité de plus en plus grande d'air que les Oiseaux avaient à leur disposition, par cette raison que leur mort est déterminée non par l'épuisement de l'air, mais par la formation d'une quantité d'acide carbonique toujours la même ou à peu près. N'était l'intervention de l'oxygène, les valeurs de la colonne 3 devraient être sensiblement les mêmes ; mais l'action de plus en plus redoutable de l'oxygène les fait diminuer, et cela très-rapidement à partir de 9 atmosphères.

D'autre part, si nous nous reportons à la colonne 6 du tableau I (p. 22), nous voyons que la durée moyenne de la vie a été, par litre d'air rapporté à 76 centimètres, de une heure un quart. Ici, sous pression, dans notre récipient de 570 centimètres cubes, entre 3 et 9 atmosphères, la durée moyenne de la vie a été d'une heure et demie, ce qui donne par litre d'air environ deux heures et demie, c'est-à-dire le double de ce qui arrive pour les pressions d'une atmosphère et au-dessous.

Ce résultat se comprend aisément. Lorsqu'un Oiseau meurt en vases clos, dans l'air à la pression normale, il laisse environ 13 centièmes d'acide carbonique; or, le chiffre mortel de la tension de ce gaz est 26, et, pour arriver à ce nombre, il faudra à l'animal à peu près le double de temps. On peut donc considérer qu'un animal en vases clos, à des pressions de 3 à 10 atmosphères, peut vivre environ deux fois plus de temps que s'il était renfermé dans le même vase simplement à la pression normale : ceci peut avoir quelques applications pratiques au point de vue expérimental.

Une autre conséquence intéressante découle d'un examen attentif des expériences résumées dans le tableau VI (p. 38). Si nous nous enquérons de la quantité d'oxygène disparue pendant le confinement, ce qui s'obtient facilement en comparant les chiffres de la colonne 4 avec le produit P×O de ceux des colonnes 2 et 5, nous trouvons que les Oiseaux, avant de mourir, ont consommé toujours des quantités à peu près égales d'oxygène (exprimées par des chiffres qui oscillent de 27 à 35). Or, il s'en faut de beaucoup qu'ils aient vécu le même temps aux basses et aux hautes pressions (colonne 3). De là résulte cette conséquence qu'aux très-hautes pressions, les Oiseaux ont, dans un temps donné, absorbé beaucoup plus d'oxygène qu'aux pressions de 3 à 9 atmosphères ; cela tient, comme nous le verrons plus loin, à ce que leurs tissus s'imprègnent d'oxygène, et je montrerai que la vraie consommation physiologique diminue au contraire.

Mais si la quantité d'oxygène disparue reste à peu près constante, la quantité d'acide carbonique produite (colonne 8) diminue considérablement, ainsi que je l'ai déjà dit. Si donc nous cherchons la valeur du rapport $\frac{CO^2}{O}$ entre l'acide carbonique produit et l'oxygène disparu, rapport sur l'importance duquel les recherches de MM. Regnault et Reiset ont depuis longtemps appelé l'attention, nous trouvons (colonne 7) que ce rapport s'abaisse jusqu'à diminuer de moitié pour les pressions très-élevées. A ces pressions donc, l'oxygène absorbé en excès par les animaux n'est pas employé à fabriquer de l'acide carbonique en excès. L'excrétion de ce gaz ne paraît même pas être modifiée considérablement. Si, en effet, nous considérons que, en une heure et demie (moyenne de la colonne 3), de 3 à 9 atmosphères, les Oiseaux ont rejeté 21,6 d'acide carbonique (moyenne de la colonne 8), il est facile de constater que dans le même temps, l'Oiseau à 14 atmosphères (exp. 11) aurait produit 30 de ce gaz ($39^m : 13,2 = 1^h 30 : x = 30$), celui à 17 atmosphères en aurait fourni 23, et celui à 20 atmosphères 28, malgré leur agitation ; dans le même temps, les quantités d'oxygène disparu auraient été, de 3 à 9 atmosphères de 31,5, et à 17 atmosphères de 82,1. Aussi le rapport $\frac{CO^2}{O}$ est-il tombé de 0,70 à 0,30. Nous reviendrons plus tard sur ces faits.

Je termine en donnant l'indication et l'explication d'un fait qui, au début de nos recherches, m'avait semblé un peu paradoxal. Lorsqu'un Oiseau sous pression commençait à devenir malade, si je lui ajoutais de l'air pur, je ne le soulageais nullement ; au contraire, une amélioration évidente se manifestait lorsque je laissais échapper une partie de son air. Ceci s'explique aisément. Supposons que l'animal soit à 3 atmosphères et qu'il ait déjà formé 6 centièmes de $CO^2$ ; la pression de ce gaz, $6 \times 3 = 18$, est suffisante pour rendre malade l'Oiseau. Si j'injecte 3 atmosphères d'air pur, la tension de $CO^2$ devient $3 \times 6 = 18$, c'est-à-dire qu'elle ne change pas, puisque si la pression augmente de moitié, la proportion centésimale diminue de moitié ; l'animal n'est donc nullement soulagé. Si, au contraire, je lâche une demi-atmosphère, la tension devient $6 \times 1,5 = 9$, d'où résulte un mieux-être immédiat. Cet apparent paradoxe confirme donc encore, par voie indirecte, ce que j'ai déjà démontré.

### RÉSUMÉ.

En résumé, l'étude de la mort dans l'air confiné sous des pressions diverses, si nous en dégageons les résultats principaux des questions incidentes que nous avons, chemin faisant, soulevées et résolues, nous amène aux formules suivantes.

Dans l'air ordinaire :

A. Aux pressions inférieures à celles d'une atmosphère, la mort des animaux survient lorsque la tension de l'oxygène de l'air est réduite à une certaine valeur constante (qui, pour les Moineaux, équivaut en moyenne à $O \times P = 3,5$).

B. Pour les pressions comprises entre 2 et 9 atmosphères environ, la mort arrive lorsque la tension de l'acide carbonique s'élève à une certaine valeur constante (qui, pour les Moineaux, équivaut en moyenne à $CO^2 \times P = 25$).

C. Pour les pressions très-élevées, la mort est due exclusivement à la tension trop considérable de l'oxygène ambiant. Elle arrive rapidement quand la tension de ce gaz atteint $O \times P = 300$ ou $400$.

D. Pour les pressions de 1 à 2 atmosphères, la mort semble être due surtout à l'abaissement de la tension d'oxygène, mais en partie également à l'augmentation de la tension de $CO^2$.

E. A partir de 3 ou 4 atmosphères. l'intervention funeste de l'oxygène commence à se faire sentir, et devient très-manifeste vers 9 ou 10 atmosphères.

Les expériences faites, soit avec des mélanges gazeux plus ou moins riches en oxygène, soit en présence d'alcalis capables d'absorber l'acide carbonique à mesure qu'il se forme, nous amènent à donner à ces lois un caractère de généralité bien plus grand encore, et nous pouvons les formuler de la manière suivante (en les appliquant, pour plus de clarté, aux Moineaux) :

ARTICLE N° 1.

La tension d'un gaz étant représentée par le produit de sa proportion centésimale que multiplie la pression barométrique : $Q \times P$, on voit que la mort arrive :

A. Quand la tension de l'oxygène s'abaisse au-dessous de 3,5, que la pression soit supérieure ou inférieure à la pression normale. Il faut, bien entendu, dans le premier cas, se débarrasser de $CO^2$ par un alcali ou par un courant d'air.

B. Quand la tension de l'acide carbonique s'élève au-dessus de 25, que la pression soit supérieure ou inférieure à la pression normale. Il faut, bien entendu, dans ce dernier cas, employer des mélanges suroxygénés.

C. Quand la tension de l'oxygène arrive à dépasser 300, quelles que soient la composition centésimale et la pression (celle-ci ne pouvant être évidemment inférieure à 3 atmosphères avec de l'oxygène pur).

D. Ces genres de mort peuvent se combiner deux à deux, A avec B et B avec C, suivant les pressions et les compositions gazeuses employées.

La mort A est une véritable *asphyxie* par privation d'oxygène ; la mort B est un *empoisonnement par l'acide carbonique ;* la mort C peut être appelée, pour la facilité du discours, et malgré ce qu'il y a d'étrange dans une pareille expression, un empoisonnement, un *empoisonnement par l'oxygène.*

On voit, et c'est là le résultat le plus général auquel nous arrivions, que, dans tous les cas, la pression barométrique, dans ses variations, n'est jamais directement, par elle-même, la cause des phénomènes. Elle n'est qu'une des conditions qui font varier la tension des gaz, et l'autre facteur, la composition centésimale, peut parfaitement, s'il marche en sens inverse, en contre-balancer les effets de même qu'il les augmentera rapidement, s'il marche dans le même sens.

Si maintenant nous laissons de côté l'acide carbonique produit, pour nous placer dans des conditions plus voisines de celles où se présente, dans la nature ou l'industrie, le problème qui nous occupe, nous en arrivons à conclure, en négligeant certains phénomènes tout à fait secondaires sur lesquels nous reviendrons en leur lieu :

1° Que trois animaux dont l'un épuise par sa respiration un espace clos plein d'air, dont le second est contraint de respirer dans un courant d'air de moins en moins riche en oxygène, dont le troisième est soumis à une diminution graduelle de pression, — que ces animaux sont tous les trois, par ces procédés si divers, menacés des mêmes accidents et de la même mort, de la mort par privation d'oxygène, par véritable asphyxie.

2° Que deux animaux dont l'un respire dans un courant d'air de plus en plus riche en oxygène et dont l'autre est soumis à une pression barométrique croissant de 1 à 5 atmosphères, sont dans des conditions identiques. Qu'au delà, l'animal qui respire de l'oxygène pur à 2, 3, 4 atmosphères de pression, etc., est dans les mêmes conditions que celui qui respire de l'air pur à 10, 15, 20 atmosphères : tous deux sont, par ces procédés divers, menacés des mêmes accidents et de la même mort, de la mort par excès d'oxygène, d'un empoisonnement d'une espèce jusqu'ici inconnue.

Pas assez d'oxygène en tension, ou trop d'oxygène, toute l'influence que les modifications de la pression barométrique exercent sur les êtres vivants, se résume en ces termes.

Telle est l'explication fort simple que nous donnent des expériences dans lesquelles nous avons considéré le milieu ambiant bien plus que l'animal. Mais cette tension trop faible ou trop forte de l'oxygène doit être étudiée maintenant, non-seulement dans sa mesure, mais dans ses conséquences prochaines : il faut examiner avec plus de soin l'animal lui-même.

La première question dont je vais m'occuper maintenant est celle de la composition des gaz contenus dans le sang d'animaux soumis à diverses pressions.

ARTICLE N° 1.

## CHAPITRE II.

### DES GAZ DU SANG D'ANIMAUX SOUMIS A DIVERSES PRESSIONS BAROMÉTRIQUES.

Les gaz ont été extraits du sang par la méthode du vide barométrique, aidé de la chaleur. Pour les raisons indiquées dans l'avant-propos, je ne donnerai aucune description des instruments que j'ai employés. Mais je crois devoir dire que la température à laquelle je soumets le sang est d'emblée de 70° à 90°, peut-être même plus (le ballon étant plongé dans l'eau bouillante). Dans ces conditions, l'extraction est extrêmement rapide, et se fait en un ou deux coups de pompe, c'est-à-dire en moins d'une minute.

J'ai commencé par faire un grand nombre d'expériences critiques, afin de déterminer la valeur de mes procédés d'extraction et d'analyse ; elles ont été fort satisfaisantes, et les erreurs de ce chef n'entament guère que la première décimale. Quant aux causes d'erreur qui proviennent de l'animal lui-même (saignées successives, modifications du rhythme respiratoire, agitation ou repos, etc.), elles sont beaucoup plus importantes.

Pour donner un exemple extrême de l'étendue des modifications qui peuvent en résulter dans la composition des gaz du sang, je citerai seulement l'expérience suivante :

On tire à la carotide d'un chien vigoureux $33^{cc}$ de sang, et l'on en extrait les gaz, ce qui donne, par $100^{cc}$ de sang, à 16 degrés : $O = 17^{cc}$ ; $CO^2 = 43^{cc}$. On ouvre alors la trachée pour y fixer une canule. Les respirations deviennent extraordinairement accélérées ; au bout de cinq ou six minutes de ce rhythme, on reprend du sang. Il est beaucoup plus rouge, et contient : $O = 24,9$ ; $CO^2 = 16,2$.

Mais, je le répète, ceci est un extrême ; rien de comparable, à beaucoup près, ne s'est présenté chez des animaux respirant par les voies naturelles. Un grand nombre d'expériences me permettent d'affirmer que les circonstances dépendantes de la manière d'être de l'animal, sans être négligeables, ne sont·pas telles qu'on ne puisse conclure, nonobstant leur intervention, à l'abri de laquelle on ne peut pas toujours se mettre. Sans entrer dans aucun détail, je dirai que le chiffre de l'oxygène ne peut guère en être altéré de plus d'une unité, et celui de l'acide carbonique de plus de 2 ou 3 unités. Cela ne saurait nous arrêter ; mais il faut convenir que le souci d'une précision parfaite dans les procédés d'analyse (méthode de Bunsen, lectures à la lunette, etc.) serait ici à peu près ridicule. Je me suis contenté, dans mes analyses d'air, du procédé classique et si commode de la potasse dissoute et de l'acide pyrogallique.

Il est nécessaire d'ajouter ici que je me suis seulement occupé du sang artériel. L'artère mise en expérience était presque toujours la carotide. Cela n'a du reste pas d'importance, tout étant comparatif. A peine est-il besoin de dire que je n'ai pu opérer que sur des Chiens.

## § 1.

### Diminution de pression.

L'extraction de sang dans les artères d'un Chien soumis à une certaine diminution de pression n'est pas chose facile. La plus grande difficulté consiste en ceci que, lorsque la dépression barométrique est supérieure à la pression du sang dans l'artère, l'air tend à s'introduire par la sonde qui, placée dans cette artère, traverse les parois de l'appareil, et à pénétrer dans le cœur, d'où il est lancé dans la circulation. J'ai eu ainsi, bien malgré moi, des observations curieuses, soit de mort subite, soit d'altérations localisées des centres nerveux par ces espèces d'embolies aériennes ; mais ce n'est point le lieu d'en parler. Je suis cependant parvenu, grâce à un outillage que j'ai fini par rendre assez simple, à me mettre presque toujours à l'abri de cet accident.

L'animal étant solidement fixé sur une sorte de cadre destiné à l'approcher le plus possible de la paroi de l'appareil, je faisais une première saignée (de 25 à 33 centimètres cubes) pour extraction des gaz. Puis commençait la diminution de pression, qui marchait en moyenne à raison de 1 centimètre par minute ; arrivé au point voulu, j'y maintenais l'animal pendant dix minutes environ, et faisais la seconde extraction. Je n'ai pu que très-rarement en faire une troisième, à cause de la coagulation du sang dans les sondes ; mais assez souvent, après avoir ramené l'animal à l'air libre, je prenais une nouvelle quantité de sang, à titre de comparaison : et ici, pour peu que j'eusse attendu quelques minutes, je retrouvais les mêmes chiffres que lors de la première extraction.

Je résume dans le tableau ci-après (tableau VIII, p. 50) les résultats des expériences. Les volumes gazeux sont ramenés à 0 degré et à 76 centimètres. Les diverses pressions sur lesquelles j'ai surtout insisté vont en diminuant de 10 en 10 centim. (56, 46, 36, 26 centim., qui marque la limite à laquelle je puis atteindre dans les circonstances ordinaires, avec mon appareil). La pression de 56 centimètres présente cet intérêt tout spécial d'être celle des plateaux les plus habités de l'Amérique centrale et méridionale ; la pression de 36 centimètres correspond à peu près au maximum de hauteur qu'ont pu atteindre les voyageurs dans les montagnes ; enfin, c'est aux environs de 26 centimètres que perdirent connaissance, dans leur célèbre ascension de 1862, MM. Glaisher et Coxwell (1). Ces trois niveaux sont donc particulièrement curieux à considérer.

Je signalerai d'abord, sans y insister davantage pour le moment, les variations des nombres inscrits dans les colonnes 2 et 3 ; elles montrent quelles différences, chez des animaux de même espèce et placés dans des conditions en apparence identiques, peut présenter la richesse du sang en oxygène et acide carbonique.

En arrivant maintenant au point qui doit nous occuper spécialement, un simple coup d'œil jeté sur les chiffres des colonnes 7 et 8 du tableau, comparés aux chiffres correspondants des colonnes 2 et 3, nous fait voir que, dans tous les cas, sous pres-

(1) Glaisher, Flammarion, W. de Fonvielle et G. Tissandier : *les Voyages aériens,* Paris, 1870, p. 64.

sion diminuée, l'oxygène et l'acide carbonique ont diminué dans le sang artériel. Il n'y a pas eu d'exception à cet égard.

TABLEAU VIII.

| 1. | 2. | 3. | 4. | 5. | 6. | 7. | 8. | 9. | 10. | 11. | 12. | 13. | 14. |
|----|----|----|----|----|----|----|----|----|----|----|----|----|----|
| | PRESSION NORMALE. | | | | DIMINUTION DE PRESSION. | | | | | GAZ DISPARU en volume. | | GAZ DISPARU pour 100. | |
| NUMÉROS. | Gaz du sang dans 100 cc. | | | | Pression. | Gaz du sang dans 100 cc. | | | | | | | |
| | O. | CO². | $\frac{CO^2}{+O}$ | $\frac{CO^2}{O}$ | | O. | CO². | $\frac{CO^2}{+O}$ | $\frac{CO^2}{O}$ | O. | CO². | O. | CO². |
| 1. | 21,6 | 36,3 | 57,9 | 1,7 | 57c | 18,6 | 35,4 | 54,0 | 1,9 | 3,0 | 0,9 | 13,8 | 2,5 |
| 2. | 21,5 | 35,0 | 56,8 | 1,5 | 56 | 21,1 | 34,7 | 55,8 | 1,6 | 0,7 | 0,3 | 3,2 | 0,8 |
| 3. | 17,4 | 33,8 | 51,2 | 1,9 | 56 | 15,5 | 28,0 | 43,5 | 1,8 | 1,9 | 5,8 | 10,9 | 17,1 |
| 4. | 16,9 | 45,7 | 62,6 | 2,7 | 56 | 12,4 | 35,0 | 47,4 | 2,8 | 4,5 | 10,7 | 26,6 | 23,4 |
| 5. | 21,5 | 35,0 | 56,8 | 1,6 | 46 | 20,3 | 30,5 | 50,8 | 1,5 | 12,0 | 4,5 | 5,5 | 12,9 |
| 6. | 20,1 | 41,1 | 61,2 | 2,0 | 46 | 13,2 | 40,7 | 53,9 | 3,0 | 6,9 | 0,4 | 34,3 | 1,4 |
| 7. | 17,4 | 33,8 | 51,2 | 1,9 | 46 | 12,5 | 26,4 | 38,9 | 2,1 | 4,9 | 7,4 | 28,1 | 21,8 |
| 8. | 19,8 | 29,1 | 48,9 | 1,5 | 44 | 16,3 | 23,3 | 39,6 | 1,4 | 3,5 | 5,8 | 12,6 | 19,9 |
| 9. | 20,6 | 39,0 | 59,6 | 1,9 | 36 | 11,9 | 25,2 | 37,1 | 2,1 | 8,7 | 13,8 | 4,2 | 35,3 |
| 10. | 20,1 | 41,1 | 61,2 | 2,0 | 36 | 8,9 | 34,3 | 43,2 | 3,8 | 11,2 | 6,8 | 55,6 | 16,8 |
| 11. | 13,3 | 34,9 | 48,2 | 2,6 | 36 | 8,5 | 21,4 | 29,9 | 2,5 | 4,8 | 13,5 | 36,1 | 38,6 |
| 12. | 17,4 | 33,8 | 51,2 | 1,9 | 36 | 10,8 | 22,8 | 33,6 | 2,1 | 6,6 | 11,0 | 37,9 | 32,5 |
| 13. | 16,9 | 45,7 | 62,6 | 2,7 | 36 | 9,6 | 33,9 | 43,5 | 3,5 | 7,3 | 11,8 | 43,2 | 25,8 |
| 14. | 18,8 | 39,7 | 58,5 | 2,1 | 31,4 | 12,0 | 31,0 | 43,0 | 2,6 | 6,8 | 8,7 | 36,2 | 21,9 |
| 15. | 19,4 | 48,4 | 67,8 | 2,4 | 31 | 13,6 | 36,5 | 50,1 | 2,7 | 5,8 | 11,9 | 29,3 | 24,4 |
| 16. | 18,3 | 32,8 | 51,1 | 1,8 | 26 | 9,8 | 24,5 | 34,3 | 2,5 | 8,5 | 8,3 | 46,4 | 25,3 |
| 17. | 20,8 | 46,1 | 66,9 | 2,2 | 26 | 9,2 | 13,7 | 22,9 | 1,5 | 10,6 | 32,4 | 55,7 | 70,3 |
| 18. | 22,6 | 39,7 | 62,3 | 1,8 | 26 | 9,8 | 23,1 | 32,9 | 2,3 | 12,8 | 16,6 | 55,7 | 41,8 |
| 19. | 21,5 | 41,9 | 63,4 | 1,9 | 22 | 10,7 | 22,0 | 32,7 | 2,0 | 10,8 | 19,9 | 50,0 | 47,5 |
| 20. | 20,8 | 46,1 | 66,9 | 2,2 | 18 | 7,6 | 12,9 | 20,5 | 1,7 | 13,2 | 33,2 | 63,4 | 72,0 |
| 21. | 20,8 | 46,1 | 66,9 | 2,2 | 17 | 7,4 | 11,9 | 19,9 | 1,7 | 13,7 | 34,2 | 65,8 | 74,2 |
| MOYENNE, sauf 20 et 21. 1,9 | | | | | | | | | 2,3 | | | | |
| MOYENNES. | | | | | | | | | | | | | |
| 1 à 4.. | 19,3 | 37,7 | » | » | à 65c | 16,9 | 33,2 | » | » | » | » | 13,6 | 10,9 |
| 5 à 8.. | 19,7 | 34,8 | » | » | 45 | 15,6 | 30,2 | » | » | » | » | 21,1 | 14,0 |
| 9 à 15. | 18,0 | 40,4 | » | » | 34 | 10,8 | 29,3 | » | » | » | » | 43,0 | 29,2 |
| 16 à 19. (sauf 17) | 20,8 | 38,1 | » | » | 25 | 10,1 | 23,2 | » | » | » | » | 50,7 | 38,2 |
| 20 et 21 | 20,8 | 46,1 | » | » | 17 | 7,3 | 12,4 | » | » | » | » | 64,6 | 73,1 |

Mais la mesure de cette diminution a considérablement varié,

ARTICLE N° 1.

comme le montrent les colonnes 11, 12, 13 et 14. L'étude de ces deux dernières est particulièrement instructive ; elles donnent la proportion centésimale des gaz disparus, et ont été obtenues par des opérations semblables à celles-ci (exp. n° 1) :

$$Ox \ldots 21,6 \text{ (col. 2)} : 3 \quad \text{(col. 11)} = 100 \quad : x = 13,8 \text{ (col. 13)}.$$
$$CO^2 \ldots 36,3 \text{ (col. 3)} : 0,9 \text{ (col. 12)} = 100 \quad : x = 2,5 \text{ (col. 14)}.$$

Examinant d'abord la colonne 7, nous voyons que la quantité d'oxygène contenue dans le sang artériel a pu, à des pressions de 30 ou 40 centimètres, s'abaisser à 9$^{cc}$ pour 100 centimètres cubes de sang ; c'est-à-dire qu'à ce moment, *le sang artériel était notablement moins riche en oxygène que du sang veineux ordinaire.*

La diminution de l'acide carbonique a été également (col. 8) très-considérable ; les chiffres exprimant la proportion de ce gaz se sont en effet abaissés jusqu'à 11 et 12 pour 100.

Si nous considérons les expériences faites à une même diminution de pression, nous voyons que la perte en gaz a singulièrement varié de l'une à l'autre. Ainsi, à 36 centimètres, le sang a perdu de 36,1 à 55,6 centièmes de son oxygène (col. 13) et de 16,8 à 38,6 de son acide carbonique (col. 14). Nous essayerons plus loin d'expliquer ces différences.

Que si nous faisons disparaître ces inégalités par le système des moyennes, nous obtenons les chiffres inscrits à la fin des colonnes 13 et 14, qui nous fournissent les éléments du graphique V ci-après (pressions sur les abscisses ; proportions disparues, sur les ordonnées).

Ce qui frappe, à première inspection, soit des chiffres, soit du tracé, c'est que la perte en acide carbonique a toujours été (sauf pour la moyenne à 17 centimètres, je dirai tout à l'heure pourquoi) moindre que celle de l'oxygène. Ce résultat se traduit encore sous une autre forme dans les colonnes 5 et 10 du tableau, où se trouvent des nombres exprimant la proportion de l'acide carbonique à l'oxygène sous les diverses pressions. Ce rapport, à la pression normale, a oscillé de 1,5 à 2,7, avec une moyenne de 1,9 ; tandis qu'aux faibles pressions, il a oscillé de

1,5 à 3,8, avec une moyenne de 2,3. Dans presque tous les cas, le chiffre de la colonne 10 est plus fort que celui qui lui correspond dans la colonne 5 ; les exceptions se rapportent à des cas où le sang, à la pression normale, contenait peu d'acide carbonique (de 29 à 35).

Le graphique montre encore que la diminution des gaz ne se fait pas suivant la loi de Dalton (exprimée par la bissectrice de l'angle des coordonnées). C'est l'acide carbonique qui s'en éloigne le plus. Cependant il faut dire que l'écart n'est pas énorme pour l'un ni l'autre gaz.

Graphique V.

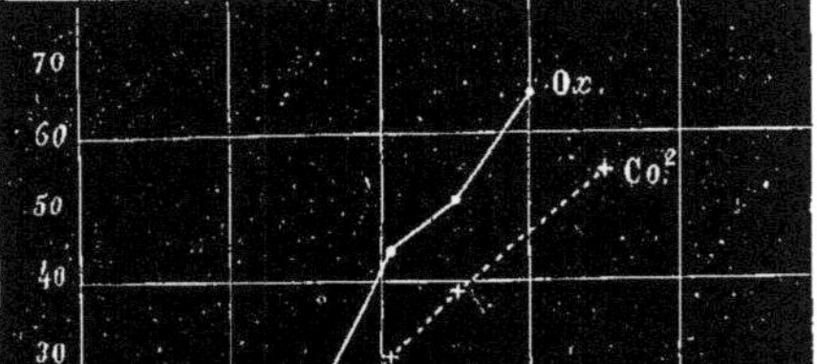


Cela est fort remarquable, si l'on se reporte aux opinions qui ont cours sur l'état dans lequel se trouvent les gaz dans le sang, d'après les recherches de Fernet, aujourd'hui classiques. L'oxygène, d'une part, uni chimiquement aux globules, ne serait pas modifiable, quant à sa proportion, pour la pression diminuée (ou augmentée). L'acide carbonique, au contraire, en grande partie à l'état de simple dissolution ou de combinaison serait très-impressionnable aux modifications barométriques. Le contraire a lieu, comme on vient de le voir.

Nous verrons que cette contradiction avec les conclusions de Fernet s'expliquera aisément. Fernet a toujours opéré *in vitro*, et l'oxygène ne commence à sortir du sang, dans ces conditions, qu'à de très-basses pressions. Ainsi, tandis que, dans le sang en circulation, la différence commence à se faire nettement sentir dès la pression de 56 centimètres, on ne voit, dans la pompe à mercure, sortir l'oxygène du sang qu'aux environs de 15 à 20 centimètres. C'est qu'en même temps que la question de capacité par l'oxygène, se placent dans l'organisme vivant les questions de consommation d'oxygène, de mouvements respiratoires et circulatoires. Au surplus, nous reviendrons sur ce sujet dans une autre partie de ce travail.

On a pu remarquer que je n'ai pas inscrit au tableau d'expériences entre 76 et 56 centimètres : c'est que les différences que j'ai constatées dans ces limites étaient de l'ordre des erreurs d'analyse. Mais il est plus que probable que les phénomènes doivent marcher dans le même sens, bien qu'il ne soit pas possible de fixer le moment où les gaz commencent à être dans le sang en moindres quantités qu'à la pression normale.

Dans les vastes appareils que j'employais, je n'ai pas pu dépasser la pression de 17 centimètres, vu l'influence de rentrées d'air inévitables. Or, cette pression n'est pas mortelle pour les Chiens, qui ne périssent que vers 7 centimètres. J'ai bien tenté de tourner la difficulté en extrayant rapidement le sang de Chiens tués par dépression sous une vaste cloche de verre, et faisant l'analyse des gaz y contenus ; mais le retour à l'air libre amenait des mouvements intra-pulmonaires qui remplissaient le cœur gauche d'un sang beaucoup plus oxygéné que celui qui s'y trouvait au moment de la mort. Mais l'acide carbonique ne prête pas à une critique expérimentale aussi grave, et il est bon de noter que sa proportion était tombée d'environ 55 pour 100.

Or, en nous reportant au tableau VIII (p. 50), nous trouvons, à la pression de 17 centimètres, une perte bien plus forte, de 73 pour 100. Mais d'abord cette perte n'est pas une moyenne, puisqu'elle ne résulte que de deux analyses faites sur le même animal, dans la même expérience, l'une à 18 centimètres, l'autre à 17 centimètres, avec douze minutes d'intervalle.

De plus, pour arriver à cette dépression énorme, que je n'ai pu atteindre depuis, j'avais dû maintenir pendant une heure l'animal à une pression inférieure à 30 centimètres. Voici, du reste, le détail de l'expérience :

Expérience. — Chien pesant 10 kilogrammes.

A. Pression normale; le sang contient : O, 20,8; $CO^2$, 46,1.

Commencé la dépression à 3 $^h$ 25 $^m$; à 3 $^h$ 55 $^m$, la pression n'est plus que de 24 centimètres, mais la machine à vapeur s'arrêtant, on ferme les robinets.

A 4 $^h$ 5 $^m$, la pression est remontée à 38 centimètres; on se remet en marche.

B. *Exp.* 20 du tableau VIII. — A 4 $^h$ 30 $^m$, pression 18 centimètres; le sang contient : O, 7,6; $CO^2$, 12,9.

C. *Exp.* 21. — A 4 $^h$ 42 $^m$, pression 17 centimètres; le sang contient : O, 7,1; $CO^2$, 11,9.

On ouvre un peu les robinets.

D. *Exp.* 17. — A 4 $^h$ 55 $^m$, la pression est à 26 centimètres; on l'y maintient, et à 5 $^h$ 10 $^m$, le sang contient : O, 9,2; $CO^2$, 13,7.

E. Enfin, à 5 $^h$ 13 $^m$, retour à la pression normale, et à 6 $^h$ le sang contient : O, 20,8; $CO^2$, 40,5.

Je signalerai dans cette expérience la très-faible proportion d'acide carbonique qu'a retenue le sang en passant de 17 à 26 centimètres de pression (anal. D), malgré un quart d'heure d'intervalle. J'ai cru ne pas devoir faire entrer ce chiffre (exp. 17) dans la moyenne de la colonne 14 et dans le graphique qui l'exprime.

Un autre point intéressant est au contraire le retour des proportions normales de O, et à peu près normales de $CO^2$, lorsque l'animal a été ramené à la pression de 76 centimètres (trois quarts d'heure après). J'ai eu de nombreux exemples de cette réparation des gaz, exemples plus rapides encore.

Quant aux chiffres de B, C, D (exp. 20, 21, 17), je pense qu'il faut les considérer comme des minima pour l'acide carbonique, et j'ai préféré inscrire au graphique V (p. 52) les résultats fournis par les expériences à 7 centimètres, qui semblent être plus près de la moyenne, et mieux rentrer dans la loi du graphique.

Il me serait facile de tirer maintenant des conséquences pratiques de la considération des faits qui précèdent, et de montrer ce qu'il advient du sang des voyageurs qui, soit en ballon, soit sur le flanc des montagnes, se soumettent à des diminutions importantes de pression. Mais je pense que ces réflexions se trouveront mieux à leur place dans le chapitre où je déduirai de l'ensemble des faits expérimentaux l'explication des troubles produits par les modifications de la pression. Je me contente ici de résumer les expériences en cette formule simple :

*Quand la pression diminue, la quantité des gaz contenus dans le sang diminue également, mais en proportion un peu moindre que celle qu'indiquerait la loi de Dalton ; le sang perd ainsi relativement plus d'oxygène que d'acide carbonique.*

J'arrive maintenant à un autre point de vue d'ordre théorique. Je crois avoir démontré, dans le premier chapitre, que les accidents et la mort dans l'air dilaté sont la conséquence de la faible pression de l'oxygène extérieur, et qu'il s'agit là, en somme, d'une simple asphyxie par privation d'oxygène.

S'il en est ainsi, on doit, dans le sang d'un Chien soumis à l'asphyxie, retrouver l'appauvrissement en gaz des Chiens soumis à la décompression.

Pour vérifier cette hypothèse, deux méthodes se présentaient: 1° placer un animal dans un courant d'air de plus en plus pauvre en oxygène; 2° faire épuiser par l'animal une certaine quantité d'air, en se débarrassant, bien entendu, de l'acide carbonique au fur et à mesure de sa formation.

La première méthode m'a paru impraticable. Pour mettre en usage la seconde, j'ai adapté à des Chiens une muselière qui communiquait avec un sac contenant de 130 à 150 litres d'air ; à l'expiration comme à l'inspiration, l'air barbotait dans une solution de potasse destinée à le dépouiller de son acide carbonique, ce à quoi, pour le dire en passant, il me fut impossible de parvenir complétement : l'air du sac contenait toujours de 1 à 2 pour 100 de ce gaz.

L'expérience ainsi disposée, je prenais d'heure en heure des échantillons de l'air du sac et du sang carotidien, pour l'analyse. J'ai vu ainsi que, au fur et à mesure de l'appauvrissement de l'air extérieur en oxygène, le sang s'appauvrissait également par rapport à ce gaz, ce qui n'a rien d'étonnant, mais aussi par rapport à l'acide carbonique, ce qui est plus remarquable : C'est ce qu'indique le tableau suivant (tableau IX) pour une de mes expériences.

TABLEAU IX.

|  | Au début. | Après 1 h. | Apr. 2 h. | Apr. 3 h. | Apr. 4 h. | Après 4 h. 1/2. | Meurt à 4 h. 40 m. |
|---|---|---|---|---|---|---|---|
| Oxygène du sac. | 20,9 | 16,3 | 13,4 | 8,3 | 4,0 | 3,0 | |
| $CO_2$. | 0,0 | 1,6 | 1,9 | 2,5 | 1,6 | 0,8 | |
| Oxygène du sang. | 18,2 | 16,6 | 15,9 | 9,8 | 6,7 | 0,7 | p. 100cc de sang |
| $CO_2$. | 50,8 | 47,7 | 45,1 | 40,2 | 37,9 | 25,0 | à 0° et 76c. |

Les tracés ci-après (graphique VI), qui représentent les résultats du tableau IX, rendent encore cette décroissance plus facile à saisir. Les temps écoulés depuis le début de l'expérience y sont pris sur l'axe des abscisses ; les ordonnées expriment les valeurs centésimales. Seulement, pour ménager la place, les ordonnées du tracé de l'oxygène de l'air sont deux fois plus hautes que celles des gaz du sang.

Examinons ces résultats d'un peu plus près. Envisageant d'abord l'oxygène de l'air, nous voyons qu'il a diminué : dans la première heure, de 4,6 ; dans la deuxième, de 2,9 ; dans la troisième, de 5,1 ; dans la quatrième, de 4,3. La consommation a donc été à peu près régulière, et cependant la quantité d'oxygène contenue dans le sang artériel a diminué, et diminué beaucoup plus irrégulièrement (1,6 ; 0,7 ; 6,1 ; 3,1, et dans la dernière demi-heure, 6). Je me borne ici à signaler ce fait sur lequel je reviendrai plus tard.

L'acide carbonique nous fournit les mêmes résultats. Bien qu'il en soit toujours resté dans l'air inspiré une certaine proportion qui aurait dû le maintenir un peu en excès dans le sang, il a diminué très-notablement (3,1 ; 2,6 ; 4,9 ; 2,3 et, dernière demi-heure, 12,9). Ceci suggère encore d'autres réflexions qui reviendront en leur lieu.

Graphique VI.

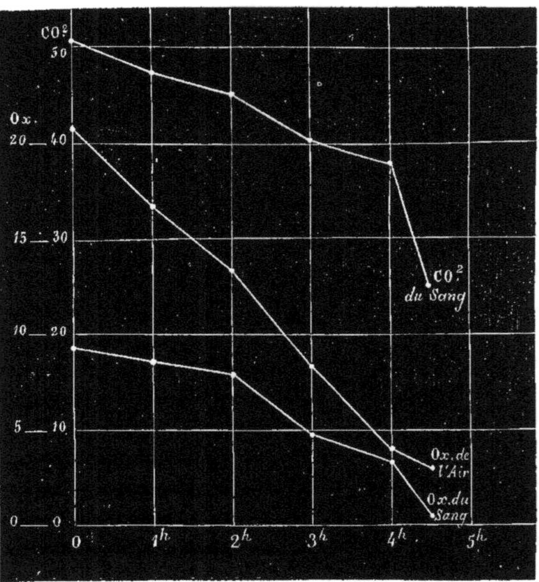


Ici je ne veux m'occuper que de comparer les résultats fournis par la respiration dans l'air pauvre en oxygène avec ceux qu'a fournis déjà la respiration dans l'air dilaté. Pour rendre cette comparaison plus facile à saisir, j'ai disposé le graphique VII, page 59.

Sur les ordonnées sont comptés, comme à l'habitude, les nombres relatifs aux proportions centésimales des gaz extraits du sang. Mais, pour avoir un point de départ toujours le même, j'ai supposé que le sang, à la pression normale et dans l'air pur, contenait toujours, pour 100 volumes de sang : O, 20 pour 100, et $CO^2$, 40 pour 100, ce qui est à peu près la moyenne.

Ceci a entraîné des calculs de réduction dont voici un double exemple, tiré de l'expérience 1<sup>re</sup> (tableau VIII).

$$24,6 \text{ (col. 2)} : 20 = 18,6 \text{ (col. 7)} : x.$$
$$36,3 \text{ (col. 3)} : 40 = 35,4 \text{ (col. 8)} : y.$$

Je me sers des valeurs de $x$ et de $y$ pour la construction des tracés.

Les abscisses mesurent à la fois la proportion centésimale de l'oxygène ambiant, et la pression barométrique. Ainsi, 20,9 correspond à 76 centimètres ; la demi-atmosphère, 38 centimètres, correspond à $\frac{20,9}{2}$, etc. : c'est là ce qui va permettre de voir s'il y a, oui ou non, concordance entre les résultats des deux ordres d'expériences.

Enfin, les points relatifs aux diminutions de pression sont des moyennes tirées, par le calcul qui vient d'être indiqué, des chiffres inscrits à la fin des colonnes 7 et 8 du tableau VIII (page 50), comparés à ceux des colonnes 2 et 3 ; ils sont marqués par de petits cercles que réunissent des traits et des points o - · - o - · - · - o - · · - ; des cercles isolés indiquent les extrêmes fournis par les expériences prises isolément. Le pointillé ............ exprime la moyenne de deux expériences d'asphyxie simple exécutées d'après la méthode que j'ai relatée quelques pages plus haut.

Or, pour l'oxygène, ce qui frappe tout d'abord, c'est la concordance remarquable qui existe entre les deux courbes. C'est un premier point acquis.

Pour l'acide carbonique, la concordance est moins parfaite. Mais il faut faire remarquer d'abord qu'il restait dans l'air en voie d'épuisement une certaine quantité d'acide carbonique sans laquelle le graphique pointillé serait certainement plus abaissé qu'il n'est. De plus, les irrégularités entre lesquelles ont été prises les moyennes reliées par la ligne à traits et à points sont très-fortes, pour l'acide carbonique, comme le montrent les petits cercles isolés. Il est donc probable que d'une très-grande quantité d'expériences on obtiendrait des moyennes qui se rapprocheraient davantage ; mais ceci m'a paru peu important à poursuivre.

ARTICLE N° 1.

Le grand intérêt consistait à montrer que, même à la pression normale, même en présence d'une consommation normale

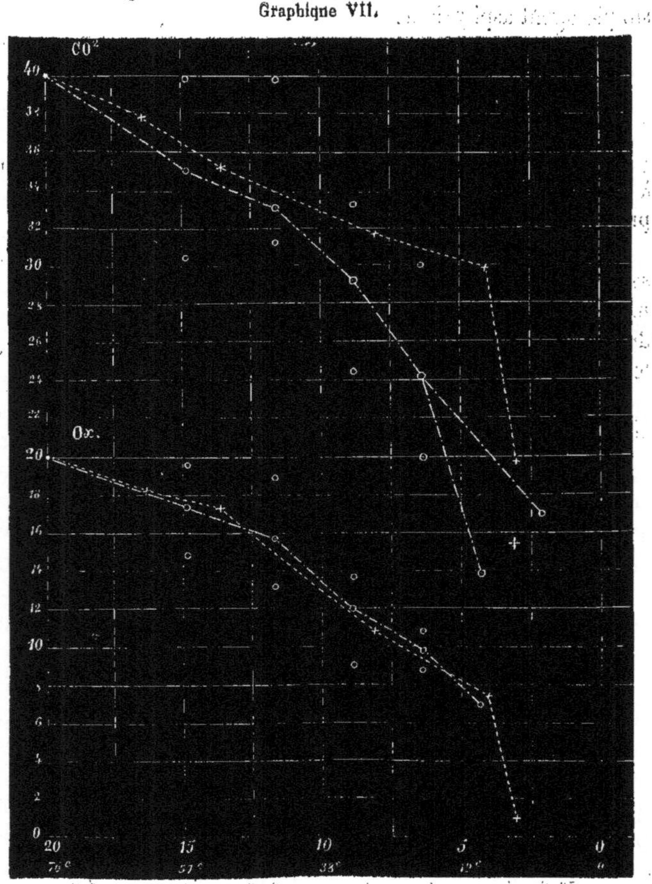

Graphique VII.

d'oxygène, mais la proportion de ce gaz étant faible dans l'air respirable, on retrouve, dans les proportions de l'oxygène et de l'acide carbonique du sang artériel, les mêmes modifications que lors de la respiration sous pression diminuée. De cet examen, comme de celui auquel nous nous étions livré dans le premier chapitre, il ressort la preuve que la dépression agit comme un simple agent asphyxiant.

### § 2.

#### Augmentation de pression.

Je laisserai momentanément de côté, pour en faire une étude à part, la question des gaz du sang dans l'air confiné et comprimé. Il ne s'agira ici que d'air pur comprimé.

Les expériences ont été beaucoup plus faciles à réaliser, le sang de l'animal placé sous pression tendant à s'échapper aisément par les sondes qui débouchaient au dehors et permettaient de l'extraire. Cela m'a permis de faire plusieurs expériences sur le même animal, les caillots étant chassés par la pression.

Voici les résultats d'expériences faites sur cinq animaux, cinq Chiens :

|  | Oxygène. | Acide carbon. | Azote. |
|---|---|---|---|
| 1° Pression normale | 19,4 | 35,3 | 2,2 |
| A 3 atmosphères | 20,9 | 35,1 | 4,7 |
| 6 — | 23,7 | 35,6 | 8,1 |
| 10 — | 24,6 | 36,4 | 11,3 |
| 2° Pression normale | 18,3 | 37,1 | 2,2 |
| A 2 atmosphères | 19,1 | 37,7 | 3,0 |
| 5 — | 20,6 | 40,5 | 6,1 |
| 10 — | 21,4 | 36,8 | 11,4 |
| 3° Pression normale | 18,4 | 47,7 | 2,5 |
| A 3 atmosphères | 20,0 | 42,2 | 4,4 |
| 6 3/4 — | 21,0 | 41,3 | 7,1 |
| 9 1/4 — | 21,2 | 39,8 | 9,3 |
| 4° Pression normale | 22,8 | 50,1 | 2,3 |
| A 5 atmosphères | 23,9 | 35,2 | 6,0 |
| 8 — | 25,4 | 37,6 | 9,5 |
| 5° Pression normale | 20,2 | 37,1 | 1,8 |
| A 5 1/2 atmosphères | 23,7 | 35,5 | 6,7 |
| 10 — | 24,7 | 37,9 | 9,8 |

Que si nous opérons sur l'ensemble de ces nombres les mêmes

calculs que ceux (voy. page 58) qui nous ont servi à construire le graphique VII, en prenant comme point d'origine, pour l'oxygène, 20, pour $CO_2$, 40, et pour Az, 2,2, nous obtenons le tableau suivant :

TABLEAU X.

|  | Oxygène. | Azote. | $CO_2$. |
|---|---|---|---|
| 1 atmosphère............ | 20,0 | 2,2 | 40 |
| 2 — ............ | 20,9 | 3 | 40,7 |
| 3 — ............ | 21,6 | 3,9 | 37,2 |
| 5 — ............ | 22,7 | 6 | 35,7 |
| 7 — ............ | 23,1 | 7 | 35,6 |
| 10 — ............ | 23,4 | 9,4 | 36,6 |

Les chiffres de ce tableau sont exprimés par le graphique VIII, qui indique ainsi la marche des gaz du sang aux diverses compressions.

*Azote.* — Le graphique de l'azote nous montre que ce gaz augmente considérablement dans le sang, avec la pression, mais sans cependant obéir exactement à la loi de Dalton, car il devrait pour cela suivre le trajet de la ligne droite (il faut faire observer que l'origine de la courbe est, sans aucun doute, trop élevée; la quantité d'azote dissous dans le sang à la pression normale doit être comprise entre 1,5 et 2). Je montrerai, dans un autre chapitre, l'importance de cette quantité considérable d'azote dans le sang des animaux comprimés.

*Oxygène.* — L'oxygène augmente également, mais beaucoup moins, comme on devait le penser depuis les expériences de Fernet. De plus, la courbe monte plus vite au début que plus tard, ce qui semble indiquer que la combinaison de l'oxygène avec l'hémoglobine tend vers une saturation.

Si, du reste, nous nous reportons aux chiffres obtenus dans l'étude de la diminution de pression, et si nous construisons un graphique d'ensemble exprimant, sous une même échelle d'abscisses, la marche croissante de l'oxygène suivant la pression, nous serons frappés de la marche très-rapidement ascendante de la courbe dès ses débuts, puis de plus en plus surbaissée, et

devenant presque horizontale à partir de 5 atmosphères. C'est
ce que montre le graphique IX (ligne ponctuée) ; les ordon-

Graphique VIII.

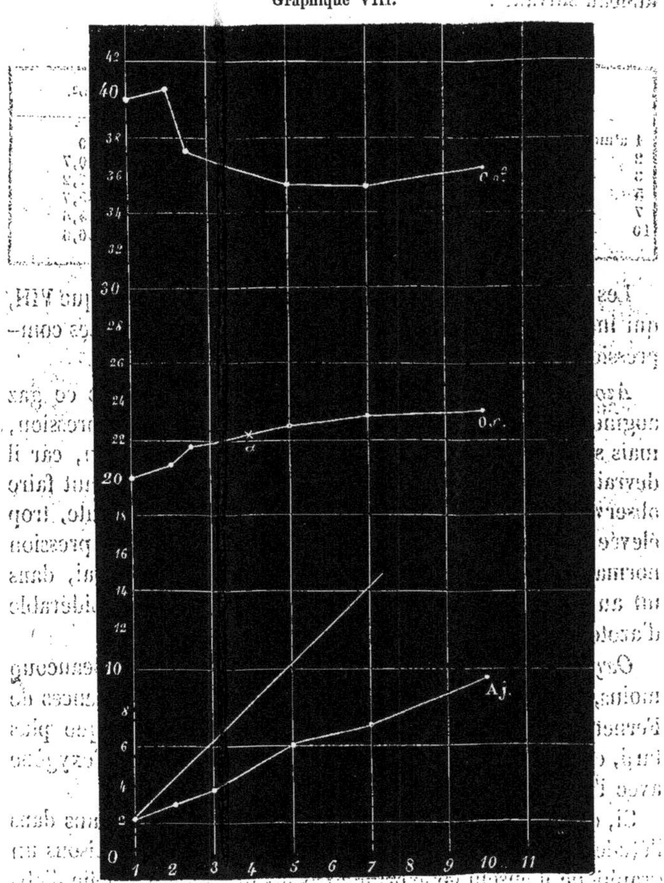


nées expriment les proportions d'oxygène, la pression est marquée sur les abscisses (chiffres de la ligne inférieure, verticales
ponctuées).

ARTICLE N° 1.

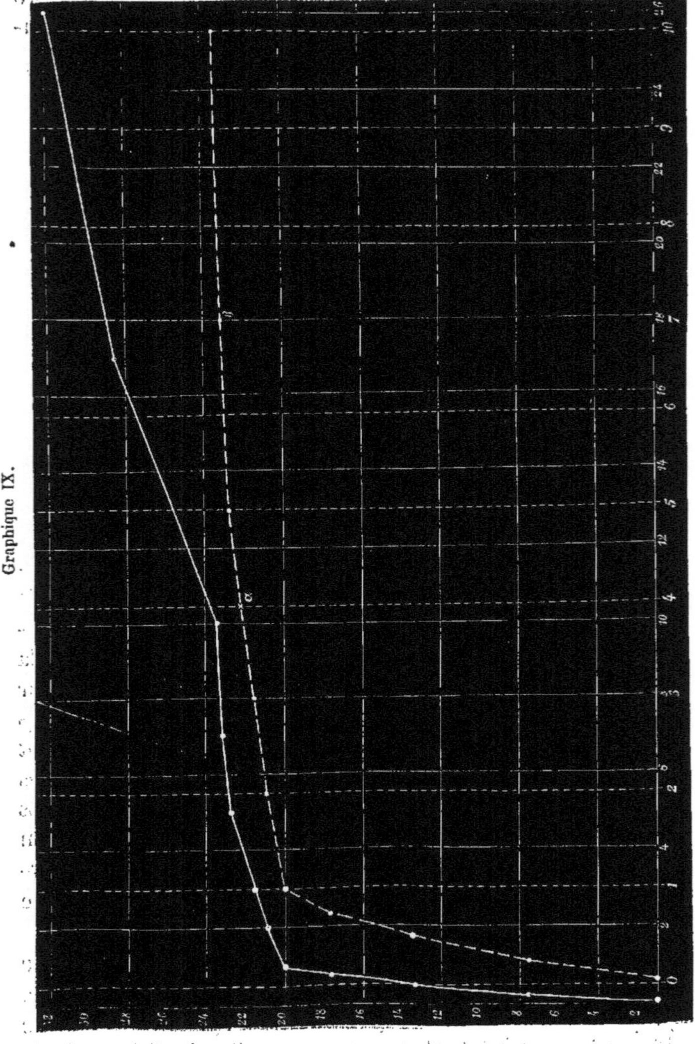
Graphique IX.

Les chiffres ne sont pas moins nets. En admettant que le zéro de l'oxygène corresponde à la dépression mortelle de 7 à 8 centimètres, égale à $1/10^e$ d'atmosphère, nous voyons que :

| | |
|---|---|
| De 1/10 à 1/4 d'atmosphère, la proportion de l'oxygène a augmenté de............................... | 7,5 |
| De 1/4 à 1/2.................................... | 5,7 |
| 1/2 à 3/4.................................... | 4,3 |
| 3/4 à 1.................................... | 2,5 |
| De 0 à 1 atmosphère............................ | 20 |
| 1 à 2.................................... | 0,9 |
| 2 à 3.................................... | 0,7 |
| 3 à 4 } divisant par 2 la différence de 3 à 5 = 1,1... { | 0,6 |
| 4 à 5 | 0,5 |
| 5 à 6.................................... | 0,2 |
| 6 à 7.................................... | 0,2 |
| 7 à 8.................................... | 0,1 |
| 8 à 9.................................... | 0,1 |
| 9 à 10.................................... | 0,1 |
| | 23,4 |

Nous reviendrons dans un instant sur les réflexions que suggère ce fait intéressant. Contentons-nous de constater, pour le moment, qu'un ouvrier qui travaille à la pression de 2 à 5 atmosphères n'a pas beaucoup plus d'oxygène dans le sang qu'à la pression normale. Il y a plus, et ceci n'est pas à négliger pour l'explication de l'inégalité des phénomènes manifestés par les divers ouvriers, j'ai vu des animaux qui avaient normalement dans le sang, à la pression normale, plus d'oxygène que d'autres à 10 atmosphères : c'est ainsi que, dans les expériences sous pression diminuée, certains de mes Chiens avaient, à la pression normale (voy. tableau VIII, p. 50, exp. 4 et 11), moins d'oxygène que d'autres à une pression de 56 centimètres et même de 44 centimètres (exp. 1, 2, 5, 8).

*Acide carbonique.* — Le graphique VII (p. 59, tracé $CO^2$, ligne à traits et à points) montre une augmentation considérable de la proportion d'acide carbonique, lorsque la pression monte de 17 centimètres à 76. Ce mouvement, déjà ralenti à partir de 38 centimètres, paraît se continuer encore un peu entre 1 et

2 atmosphères. Mais il cesse bientôt (graphique VIII, p. 62, tracé $CO^2$) pour faire place à une diminution, irrégulière comme toujours, mais constante, dans les moyennes (et à peu près constante dans les expériences prises isolément).

Dans tous les cas, il reste bien établi que rien, chez les ouvriers qui travaillent sous pression, ni dans les emplois thérapeutiques de l'air comprimé, ne peut être attribué à une augmentation dans l'acide carbonique du sang, quand la ventilation est bonne. J'insisterai ailleurs sur ce point important.

Mais maintenant pourquoi le $CO^2$ n'augmente-t-il pas pendant la pression, puisqu'il diminue pendant la dépression?

Rappelons d'abord que ce gaz, produit incessamment dans les profondeurs des tissus, est maintenu dans le sang en certaine proportion par la pression du gaz de même nature qui existe dans les alvéoles et bronchioles pulmonaires. Il se crée à lui-même son obstacle. L'air des alvéoles contient, ainsi que je l'ai autrefois établi (1), de 6 à 8 pour 100 de $CO^2$, à la pression normale : c'est donc une tension moyenne de $7 \times 1 = 7$ dans l'air, qui maintient la moyenne de 40 dans le sang.

La pression barométrique augmentant, à 7 atmosphères, par exemple, la tension sera toujours la même, et s'exprimera par $\frac{7}{7} \times 7 = 7$. En effet, comme la production en acide carbonique, en poids, dans un temps donné, n'aura pas augmenté (voy. p. 42 et 88), la proportion centésimale aura diminué dans le rapport même de l'augmentation de pression; il n'y aura plus que $\frac{7}{7} = 1$ pour 100 de $CO^2$ dans l'air, qui, multiplié par le chiffre des atmosphères, donne encore la tension constante 7.

Dans le cas de la diminution de pression, même raisonnement : mêmes conséquences, ce semble. Mais ici la question se complique. D'abord, si nous supposons l'animal à demi-atmosphère, la proportion de l'acide carbonique du poumon s'élèvera à 14 pour 100; la richesse en oxygène de l'air des vésicules

(1) *Leçons sur la respiration*, 1869, p. 161.

66 **P. BERT.**

pulmonaires s'appauvrit ainsi, et l'animal est entraîné, pour essayer de la rétablir, à une ventilation plus active qui, diminuant la tension $14 \times \frac{1}{2} = 7$, laisse sortir plus d'acide du sang.

Mais la raison principale est ailleurs que dans la diminution de la pression barométrique. Nous avons vu, en effet (tableau VIII), que la richesse en acide carbonique diminue dans le sang par le fait seul de la respiration d'un air moins riche en oxygène. C'est donc dans les conditions chimiques de la formation de $CO_2$, conditions troublées, qu'il faut chercher la cause la plus importante de cette diminution. Il en est sans aucun doute de même pour la diminution qui coïncide avec les pressions supérieures à une atmosphère.

Maintenant, ici comme pour les pressions diminuées, se pose la question de la comparaison entre les gaz du sang d'animaux soumis à des pressions diverses et d'animaux respirant des atmosphères plus ou moins oxygénées. C'est évidemment aux atmosphères riches en oxygène qu'il faut comparer le sang dans l'air comprimé; seulement, nous ne pouvons aller au delà de 100 centièmes, correspondant à 5 atmosphères d'air; en pratique même, on ne peut guère dépasser 90 centièmes, soit 4 atmosphères et demie. Or, la moyenne d'un assez grand nombre d'expériences faites sur des animaux respirant alternativement l'air ordinaire et ces atmosphères suroxygénées, à la pression normale, m'ont donné, pour la proportion d'oxygène du sang, la valeur 22,3 (en moyenne), valeur qui, transportée sur les graphiques VIII et IX (point $\alpha$), coïncide d'une manière bien remarquable avec les tracés.

J'ai donc pu pousser mes recherches plus haut que 10 atmosphères, en faisant respirer à mes Chiens de l'air suroxygéné sous pression. Pour cela, après avoir extrait et mesuré les gaz contenus dans le sang sous les conditions ordinaires j'introduisais l'animal dans la machine à compression, je lui adaptais à la trachée un sac plein d'air suroxygéné, et j'exerçais la pression sur le tout. L'extraction du sang à diverses pressions, la composition de l'air du sac avant et après l'expérience, me permettaient d'établir des calculs qui, par le système des moyennes, m'ont donné des résultats assez satisfaisants.

C'est ainsi que j'ai trouvé, par des pressions d'oxygène qui correspondaient aux diverses pressions barométriques ci-dessous indiquées, les chiffres transcrits dans le tableau suivant :

| | | |
|---|---|---|
| A 4 atmosphères | ...................................... | 22,2 d'oxygène. |
| 7 — | ...................................... | 23,0 |
| 17 — | ...................................... | 28,4 |
| 26 — | ...................................... | 32,2 |

Ces chiffres moyens, lorsqu'on les fait intervenir dans le graphique IX (ligne ponctuée), coïncident avec lui pour les pressions de 4 et 7 atmosphères (points $\alpha$ et $\beta$) d'une manière remarquable. Mais, au-dessus de 10 atmosphères, ils en changent tout à fait la physionomie, comme le montre la ligne pleine du graphique IX ; quelle interprétation faut-il donner à ce relèvement ? C'est là une question à laquelle me permettront sans doute de répondre des expériences *in vitro* que je poursuis dans ce moment, et dans lesquelles j'agite du sang, en présence de l'air, sous des pressions allant jusqu'à 25 atmosphères. En employant en outre de l'air suroxygéné, j'arrive à des pressions d'oxygène qui correspondent à 100 atmosphères d'air ordinaire. Les résultats obtenus jusqu'ici m'indiquent assez nettement que la solubilité de l'oxygène aux pressions élevées suit la loi de Dalton.

RÉSUMÉ.

Ce qui vient d'être dit sur les modifications dans la composition des gaz du sang peut, en élaguant les considérations théoriques et les déductions pratiques, se résumer en peu de mots :

A. Quand la pression diminue, le sang s'appauvrit en oxygène et en acide carbonique ; la perte en oxygène suit de plus près la loi de Dalton que celle en $CO_2$ ; mais elles sont toutes deux inférieures à ce qu'exigerait cette loi.

                    **P. BERT.**

La diminution de l'oxygène est exclusivement la conséquence
de la tension diminuée de ce gaz dans l'air dilaté; on obtient une
diminution tout à fait identique en faisant respirer aux animaux
un air de moins en moins oxygéné, à la pression normale. Les
graphiques sont très-concluants (voy. graphique VII).

Celle de l'acide carbonique reconnaît la même cause, c'est-
à-dire la moindre tension de l'oxygène dans l'air respiré; la pression barométrique en elle-même ne paraît du moins avoir qu'une
influence restreinte (même graphique).

B. Quand la pression augmente, le sang devient plus riche
en oxygène, ce qui est dû exclusivement — comme le montrent
les expériences comparatives faites à la pression normale avec de
l'air suroxygéné — à la tension augmentée de ce gaz dans l'air
comprimé. Cette augmentation dans la proportion de l'oxygène
marche avec une grande lenteur, au moins jusqu'à 10 atmosphères, après quoi elle a paru suivre une marche plus rapide
(graphique IX). Ce dernier point, du reste, a besoin d'être com-
plété par des expériences *in vitro*.

L'acide carbonique n'est pas augmenté par la pression, mais
diminué tout au contraire (graphique VIII).

L'azote augmente considérablement, mais moins rapidement
que ne l'exigerait la loi de Dalton (graphique VIII).

Les conséquences à tirer de ces faits le seront en leur lieu;
pour le moment, je n'en retiens qu'une, c'est que les modifications dans les gaz du sang (si nous en exceptons l'azote)
sont exclusivement dues à la tension de l'oxygène ambiant, et
nullement à la pression barométrique, les effets de celle-ci
pouvant être obtenus ou combattus par de simples changements dans la richesse en oxygène de l'air respiré. Cette conclusion concorde tout à fait avec celle qui termine le premier
chapitre.

## CHAPITRE III.

### PHÉNOMÈNES PRÉSENTÉS PAR LES ANIMAUX SOUMIS A L'INFLUENCE DE DIVERSES PRESSIONS BAROMÉTRIQUES.

Il ne s'agit ici, je me hâte de le dire, que des modifications de pression obtenues lentement et progressivement. L'influence des modifications brusques sera étudiée dans un prochain chapitre.

### § 1.
#### De la diminution de pression.

Les phénomènes présentés par les animaux soumis à la diminution de pression sont précisément ceux qui ont été signalés chez les voyageurs en montagnes et les aéronautes; j'ai cependant quelques détails intéressants à ajouter à ce qui est connu déjà. Cependant je ne fais nulle difficulté d'avouer que, ces phénomènes étant d'ordre purement descriptif, leur analyse exacte m'a paru ne devoir être faite qu'après une étude suffisamment approfondie de leur cause.

*Respiration.* — En thèse générale, la respiration s'accélère quand la pression diminue. Mais rien n'est plus irrégulier que ces modifications dans la rapidité respiratoire. Ici l'intervention de la *brusquerie* des phénomènes est de grande conséquence. L'animal s'étonne, s'agite, fait des efforts; il est gêné par les développements gazeux dont je parlerai à propos de la digestion, et tout cela accélère sa respiration. Mais on voit assez souvent la respiration se ralentir; c'est presque la règle aux pressions très-basses. Cela arrive surtout quand l'animal reste tranquille : l'agitation m'a paru toujours entraîner l'accélération.

J'ai, du reste, réuni dans les tracés des graphiques ci-contre (graphiques X et XI) des exemples assez variés de résultats obtenus avec diverses espèces d'animaux. Ils montrent la difficulté qu'on pourrait éprouver à tenter des généralisations. Dans ces tracés, les flèches indiquent la série des pressions diverses

# P. BERT.

Graphique X.

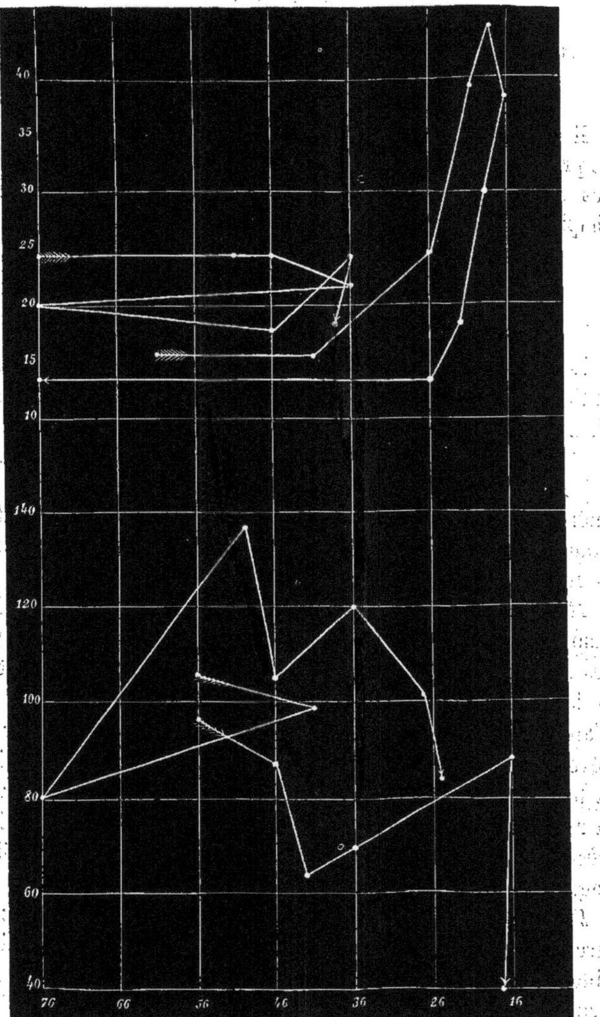


ARTICLE N° 1.

Graphique XI.

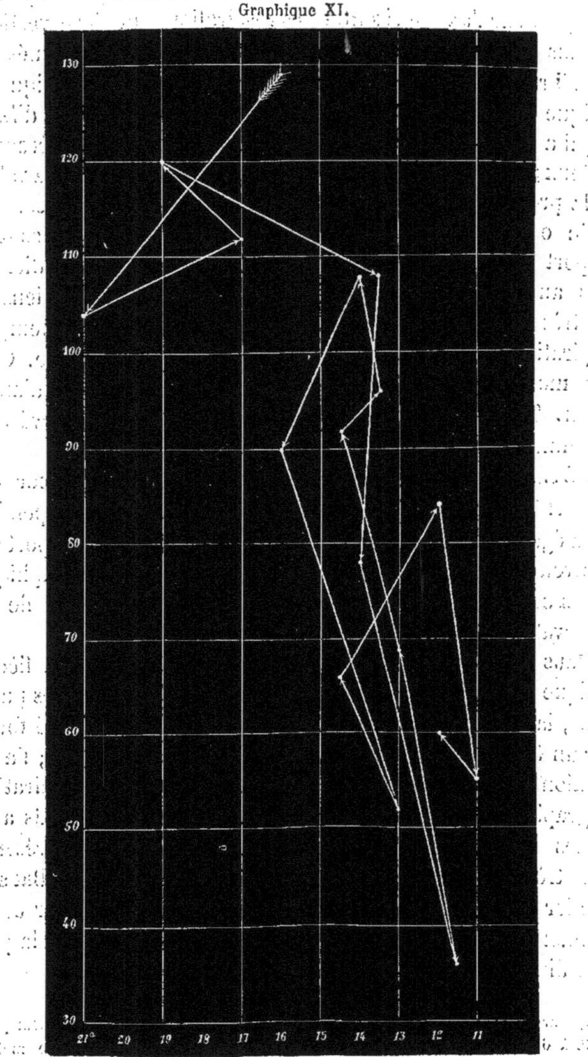

auxquelles a été successivement soumis l'animal, la pression étant marquée sur l'axe horizontal, les respirations sur l'axe vertical.

Dans le graphique X, les tracés inférieurs sont formés par deux Lapins, les supérieurs par deux Chiens. Le graphique XI indique les résultats d'une expérience faite sur un Cochon d'Inde, et qui a duré plus de trois heures. Ce dernier est particulièrement curieux ; il montre tous les rapports les plus variés entre la valeur de la pression et le nombre des mouvements respiratoires.

En outre du nombre, la respiration est affectée sous le rapport du rhythme ; elle devient irrégulière souvent, dicrote, plus ample quelquefois, et je l'ai vue, chez les Chiens, à de très-basses pressions, comme séparée en deux temps : inspiration thoracique, puis inspiration diaphragmatique. Chaque mouvement général du corps entraîne une sorte d'anhélation. Tout cela concorde avec ce que l'on a observé chez l'homme.

*Circulation.* — D'ordinaire les mouvements du cœur deviennent plus rapides quand la pression diminue (1). Cependant il y a également une grande irrégularité, même par rapport aux mouvements respiratoires, comme le montrent les graphiques ci-dessous. Je n'ai, du reste, fait qu'un petit nombre de ces observations difficiles.

Dans les graphiques qui les résument, la direction des flèches indique la marche des pressions ; la lettre P désigne les pulsations, la lettre R les respirations. Le graphique XII a été fourni par un Chat, qui est mort à 20 centimètres de pression ; l'accélération du pouls marche d'accord avec celle de la respiration. Le graphique XIII vient d'un Chien, et donne des résultats analogues. Le graphique XIV, fourni par un autre Chien, présente, aux très-basses pressions, une évidente divergence. Dans ce dernier graphique, la rapidité des mouvements du cœur et des poumons n'augmente pas toujours, tant s'en faut, quand la pression diminue, et réciproquement.

---

(1) Sur moi-même, dans mon grand appareil, j'ai vu les battements du cœur passer de 60 à 67 au repos, quand la pression diminuait de 20 centimètres. Le moindre mouvement es aisait alors monter à 80.

ARTICLE N° 1.

J'en dirai autant de la pression cardiaque, qui s'abaisse assez notablement aux très-basses pressions.

Sous l'influence des pressions très-faibles et très-rapidement obtenues, j'ai vu quelquefois survenir des hémorrhagies nasales et pulmonaires. Mais c'est un accident fort rare chez les animaux ; il n'est, du reste, pas si commun qu'on le dit d'ordinaire chez les hommes,

Graphique XII.

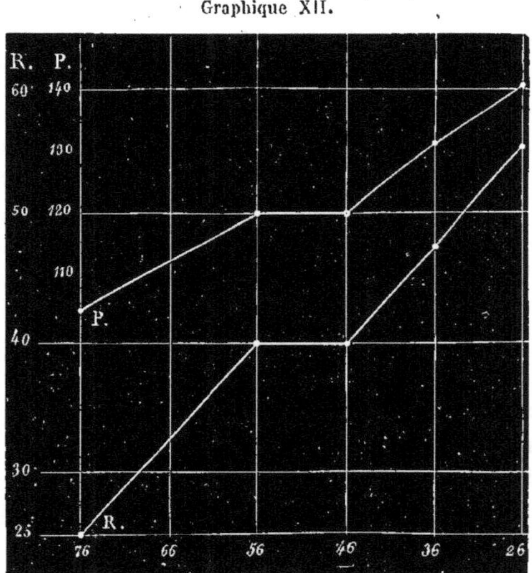


*Température*. — On a signalé, dans les ascensions en montagnes, l'abaissement de la température ; les uns l'ont attribué au froid ambiant, d'autres au travail consommé, et j'ai parlé à ce propos, dans le chapitre préliminaire, de la théorie de Lortet (page 5).

Mais j'ai pu constater maintes fois que la température des animaux décomprimés s'abaisse sans qu'ils produisent le moindre travail extérieur, sans que l'air soit refroidi, et sans qu'on puisse attribuer le phénomène au courant d'air qu'il faut établir autour d'eux pour éviter l'accumulation d'acide carbonique. Elle est généralement de 2 ou 3 degrés pour une diminution de moitié ou deux tiers d'atmosphère en une demi-heure, par exemple. Mais cela dépend du degré de la décompression, de sa durée, et de l'espèce animale.

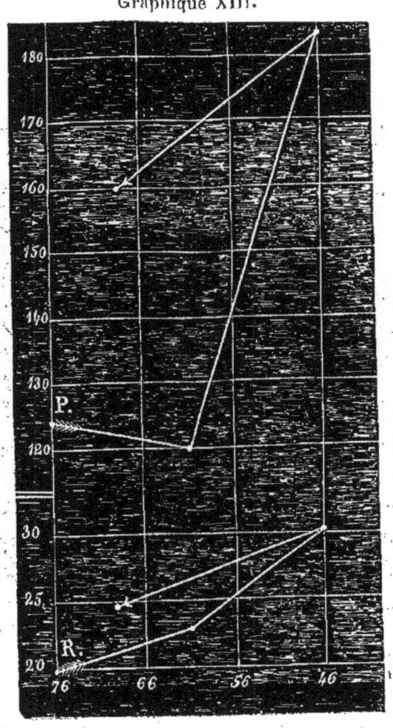

Graphique XIII.



Ainsi, chez un Chien de grande taille, amené en deux heures à 25 centimètres de pression, la température avait baissé de 2 degrés.

Chez trois Lapins soumis, l'un à un courant d'air à la pression normale; le deuxième, à un courant sous la pression de 50 à 55 centimètres; le troisième, à un courant de 40 centimètres, le tout pendant quatre heures, la température était, pour le premier, de 39°,5; pour les deux autres, de 38 degrés. Les

Oiseaux présentent des phénomènes analogues, sur le détail desquels il serait inutile d'insister.

Mais c'est avec les Cochons d'Inde que j'ai pu obtenir les refroidissements les plus considérables. L'un d'eux, maintenu pendant une heure à 35 centimètres de pression, et pendant une

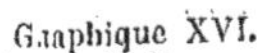

Graphique XVI.

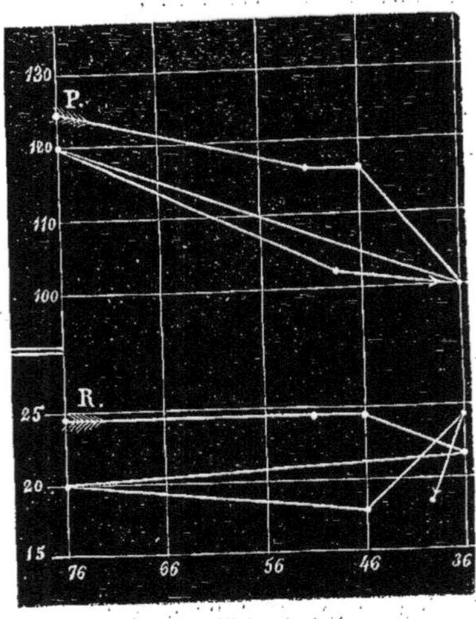


heure encore à 25 et même 22 centimètres, n'avait plus, au sortir de la cloche, que 25 degrés de température rectale. Mais déjà, après quatre ou cinq minutes, celle-ci s'élevait à 31 degrés, et l'animal survécut. Le Cochon d'Inde dont les respirations ont fourni le graphique de la page 71, qui resta près de quatre heures à osciller entre 21 centimètres et 11 centimètres, n'avait plus que 20 degrés; il est vrai qu'il mourut dans la nuit après l'expérience.

Ainsi la dépression est par elle-même une cause de refroidissement.

*Appareil digestif.* — Vers un certain degré de décompression, les voyageurs ont éprouvé des nausées; j'ai vu également mes animaux tituber, hocher de la tête avec un malaise manifeste, et vomir. Les Oiseaux présentaient presque tous ce symptôme.

C'est là, comme on le sait depuis bien longtemps, un des phénomènes de l'asphyxie.

Les animaux soumis à de fortes dépressions, et surtout les herbivores, se gonflaient d'une manière très-remarquable, par la dilatation de leurs gaz intestinaux. Il m'a paru, dans quelques cas, que ce gonflement était assez fort pour agir même sur la respiration et en gêner les mouvements.

*Mort.* — Enfin, quand on continue à décomprimer, la mort survient, précédée d'une phase plus ou moins longue, pendant laquelle l'animal devient d'abord incapable de sauter et de marcher, puis de se tenir sur ses pattes; un peu après, il reste immobile, comme insensible.

Tantôt l'animal meurt sans aucun mouvement; tantôt il se relève et se roidit violemment avant d'expirer; tantôt enfin il a de véritables convulsions. Tout cela dépend de l'état d'épuisement dans lequel il est, du temps depuis lequel dure l'expérience, etc.

Mais il n'en est pas moins très-curieux de voir périr avec des convulsions un animal qui a perdu les deux tiers de l'acide carbonique de son sang. La théorie de M. Brown-Séquard sur la cause des convulsions est ici singulièrement en défaut. J'ajoute qu'on voit après la mort, et même dans les instants qui la précèdent, les intestins se tordre dans le ventre par de violents mouvements péristaltiques.

Enfin, la rigidité cadavérique survient très-vite. Tandis que chez un Moineau auquel on coupe la tête la rigidité cadavérique reste environ trois quarts d'heure avant de se manifester, elle survient entre dix et vingt minutes après la mort dans l'air raréfié.

L'autopsie ne montre guère de résultats bien intéressants. Lorsque la dépression a été très-forte et a duré très-longtemps, on ne trouve plus de sucre dans le foie. Le sang est noir partout, excepté dans les veines pulmonaires, où il absorbe de l'oxygène pendant qu'on rétablit la pression normale. Chez les Mammifères, les poumons sont parfois un peu emphysémateux; presque toujours ils sont ecchymosés par places, quelquefois, mais rarement, avec hémorrhagie véritable ; dans d'autres cas, à la suite de décompressions soudaines et énormes, entraînant une mort presque instantanée, je les ai vus comme carnifiés, revenus à l'état fœtal, et allant par gros fragments au fond de l'eau. J'expliquerai plus loin ce phénomène étrange.

*Limite inférieure de pression.* — La valeur de la dépression à laquelle surviennent les divers accidents que je viens d'énumérer, celle de la limite inférieure incompatible avec la vie, varient suivant les espèces. Elles varient également suivant que les animaux sont restés calmes ou se sont agités pendant la durée de l'expérience.

Chez les Moineaux, le malaise commence généralement à se manifester aux environs d'une demi-atmosphère. L'animal commence à devenir inquiet; il cesse de sautiller, et ses respirations s'accélèrent, C'est vers 25 centimètres qu'il commence à vomir, à osciller sur ses pattes ; bientôt il tombe, et si la dépression approche de la limite mortelle, il tourne sur lui-même et s'agite convulsivement. J'ai dit plus haut que cette limite était d'ordinaire de 17 à 18 centimètres.

J'ai dit également qu'il est possible, avec des précautions convenables, d'arriver jusqu'à près de 10 centimètres (page 25), limite qui concorde avec celle qu'indique le calcul pour la pression minima de l'oxygène. Il faut pour cela opérer avec une très-grande lenteur. En allant brusquement, au contraire, on peut voir les troubles survenir beaucoup plus tôt, et par exemple la mort arriver brusquement entre 25 et 30 centimètres. Il en est de même lorsque l'animal s'agite.

Inversement, il arrive souvent qu'un animal qui paraît fort mal à son aise, près de périr, sous une très-faible pression, se remet, se relève, et s'y accoutume fort bien.

Tous ces faits, qui compliquent la solution numérique du problème, sont parfaitement en rapport avec ce qu'indiquent les observations des voyageurs en montagnes, et avec ce qu'on sait des conditions de l'asphyxie.

Plus ménagées seront les transitions, plus facilement s'obtiendra l'accoutumance; plus grandes seront les dépenses d'oxygène, plus vite se fera sentir l'effet de sa privation. Les voyageurs, comme les Oiseaux décomprimés, comme les animaux asphyxiés, d'une manière générale, souffrent d'autant plus qu'ils agissent davantage : les voyageurs, chacun le sait, sont forcés à certaines hauteurs de s'arrêter pour s'accoutumer, de se coucher pour diminuer la dépense d'oxygène. Les faits que j'indique sont parfaitement en concordance avec ceci.

Ajoutez que, d'après un certain nombre d'expériences dont un résumé succinct se trouve à la fin du tableau I (page 22), la résistance est notablement moindre quand la température est très-basse. C'est une considération importante, car les voyageurs, comme les aéronautes, sont le plus souvent exposés à cette condition déprimante. Or, rien de plus naturel, la consommation d'oxygène devant être augmentée par le froid, à peine d'un notable abaissement de la température du corps.

Si maintenant nous considérons la résistance moyenne présentée par les diverses espèces, nous trouvons que, chez les Oiseaux, les Rapaces paraissent tout aussi sensibles à la dépression que les Moineaux. Le fait est curieux, lorsqu'on pense aux hauteurs aériennes considérables qu'atteignent les grands Oiseaux de proie : on les a du reste beaucoup exagérées.

Parmi les Mammifères, les Chats paraissent avoir une susceptibilité au moins aussi grande encore que les Moineaux. Elle l'est certes plus que celle des Chiens, qu'il faut pousser à 10 ou 8 centimètres pour les tuer. Je me souviens du reste d'avoir lu (de Humboldt?) qu'à Quito, les Chats importés de la plaine meurent en peu de temps.

Les Cochons d'Inde et Lapins sont également faciles à amener à de basses pressions, et, leur température s'abaissant très-vite, ils passent, pour ainsi dire, à l'état d'animaux à sang froid.

C'est cet état dans lequel sont, par à peu près, les Chats nouveau-nés ; aussi peut-on les amener un peu plus bas que les adultes.

J'avais espéré, en soumettant à la décompression un animal hibernant, pouvoir l'amener aussi à des pressions très-faibles, espérant qu'il hibernerait, pour ainsi dire ; mais la seule expérience que j'aie faite avec un Hérisson a déçu mon attente. Il ne m'a pas été possible de dépasser 18 centimètres sans que la vie de l'animal semblât immédiatement menacée.

Je dois actuellement, pour compléter la démonstration déjà faite dans les deux précédents chapitres, comparer ces phénomènes généraux avec ceux que présente l'asphyxie.

Tout d'abord les modifications du rhythme respiratoire sont généralement du même ordre : accélération, puis ralentissement. Celles de la circulation sont beaucoup moins connues. Cependant les palpitations sont des phénomènes habituels au début de l'asphyxie. Mais chez les asphyxiés, comme chez les décomprimés, la marche de ces phénomènes n'est rien moins que régulière et constante. J'ai dressé des graphiques nombreux qui font preuve de cette assertion, mais que je ne crois pas très-utile de reproduire ici.

En se reportant aux intéressantes recherches de M. F. Leblanc, on voit que dans des mines où les pyrites ont absorbé une partie de l'oxygène de l'air pour se transformer en sulfates, sans formation concomitante de $CO_2$, on voit, dis-je, que la respiration peut se faire « d'une manière continue et sans trop de difficultés » dans de l'air contenant de 15 à 15,5 pour 100 d'oxygène ; mais à 10 pour 100, l'air est asphyxiant, et M. Leblanc y a été pris soudain de défaillance, vertiges et nausées.

Or, 15 pour 100 d'oxygène correspondent à 57 centimètres de pression, c'est-à-dire à 2300 mètres de hauteur, et là aucun trouble important n'est à signaler dans les actes respiratoires ; mais à 9,5 ou 10, c'est-à-dire à 35 centimètres de pression, les troubles respiratoires sont constants : ils ont arrêté M. Boussingault par 6200 mètres. Si M. Leblanc en a ressenti des effets si immédiatement violents, c'est évidemment parce qu'il s'y était soumis sans transition aucune, en moins d'une seconde ; les aéronautes eux-mêmes n'arrivent jamais, tant s'en faut, à cette rapidité.

Chez les Chiens, dans l'air confiné, les troubles respiratoires commencent à peu près à 12 pour 100 d'oxygène (valant 40 centimètres = 5000 mètres) ; c'est vers 8 pour 100 ( = 30 centimètres = 7500 mètres) que se manifestent de véritables accidents, avec nausées, etc.

L'abaissement de la température est encore un fait constant chez les animaux asphyxiés. Elle a été de 2 à 4 degrés chez des Chiens que j'ai lentement asphyxiés en vases clos, avec élimination du $CO^2$ formé.

Les nausées sont également un accident de l'asphyxie ; de même aussi l'affaiblissement et l'impossibilité de se mouvoir ; de même, enfin, aux limites extrêmes, les altérations de la sensibilité, les pertes de connaissance. J'en dirai autant des ecchymoses pulmonaires plus ou moins étendues. Le parallèle se poursuit parfaitement. Il n'est pas jusqu'à ce fait, que j'ai autrefois signalé (1), à savoir, que les animaux nouveau-nés n'altèrent pas beaucoup plus l'air que les adultes, qui ne soit en concordance avec la manière dont ils se comportent dans l'air dilaté. Enfin, les Reptiles, les Insectes, supportent très-longtemps les plus faibles pressions, de même que l'exposition à un air très-pauvre en oxygène.

J'ajoute, en terminant, que les mouvements péristaltiques de l'intestin se remarquent dans l'asphyxie sans acide carbonique quelques moments avant la mort, comme il advient dan la mort par diminution de pression.

---

En résumé, la diminution de pression agit comme la privation d'oxygène. Pour les faibles dépressions, en l'absence d'efforts musculaires considérables, la moindre proportion de l'oxygène contenu dans le sang artériel est compensée, soit par un épuisement plus considérable de l'oxygène du sang veineux, soit par une accélération des mouvements respiratoires et circulatoires. Plus bas, lorsque l'animal s'agite, des troubles plus importants arrivent par suite des altérations nutritives des tissus en présence d'un sang trop peu hématosé. Les muscles se contractent

(1) Art. Asphyxie, *Dictionnaire de médecine et chirurgie pratiques*, 1865, p. 573.
ARTICLE N° 1.

faiblement, la respiration et le cœur se ralentissent ; la température s'abaisse, la pression cardiaque diminue ; l'acide carbonique, produit en moindre quantité, diminue dans le sang. Il ne me reste plus qu'à donner une mesure plus exacte des phénomènes, à examiner avec soin la quantité d'oxygène consommé et la quantité de $CO_2$ produit dans un temps donné, la composition chimique quantitative et qualitative de l'excrétion urinaire, le sucre du foie, etc. Ce sont là des problèmes que je poursuis, mais dont la solution exacte ne présente évidemment qu'un intérêt secondaire. Du reste, pour ce qui est de la quantité d'oxygène consommé et de $CO_2$ produit pendant un temps donné, soit à 76 centimètres, soit à une pression moindre, les chiffres du tableau I (page 22) nous permettent d'indiquer nettement le sens de la variation.

En effet, de la colonne 4 comparée à la colonne 3, nous pouvons dans chaque expérience conclure la quantité d'air, rapportée à 76 centimètres de pression, que chaque animal avait à sa disposition. Des colonnes 6 et 7 nous déduisons aisément la quantité d'oxygène absorbé et la quantité de $CO_2$ produit pendant le temps marqué dans la colonne 5, et par suite pendant l'unité de temps. Or, nous voyons ainsi que les Moineaux ont en une heure :

A 76c (exp. 1, 2, 3), consommé environ 145cc d'oxygène et produit 122cc de $CO_2$.
  50c (exp. 5, 6, 7, 8). . . . . . . . . . . . . . . . 118              97
  30c (exp. 13, 14, 17). . . . . . . . . . . . . . . 80              65
  24c (exp. 24, 25, 26, 27). . . . . . . . . . . 70              57

Ainsi, en vases clos, et en allant jusqu'à la mort, un animal absorbe d'autant moins d'oxygène et forme d'autant moins de $CO_2$ dans un temps donné, que la pression est moindre. Il est plus que probable que les phénomènes marchent dans le même sens dans l'air renouvelé. Tout le reste des accidents de la dépression asphyxique se déduit aisément de cette diminution dans l'activité des phénomènes de l'oxydation nutritive.

## § 2.

### De l'augmentation de pression.

Les phénomènes présentés par les animaux placés dans l'air comprimé, renouvelé, sans intervention de l'acide carbonique, n'ont rien de bien manifeste jusqu'aux pressions de 7 et 8 atmosphères. Cependant la respiration se ralentit d'une manière constante, et très-vraisemblablement aussi la circulation.

Ainsi, chez un Moineau, le nombre des mouvements respiratoires à la pression normale était de 144 par minute; à 3 atmosphères, il s'est abaissé à 132; à 6 atmosphères, à 130; à 9 atmosphères, à 120.

On sait que les animaux placés dans l'air suroxygéné, à la pression normale, présentent le même ralentissement, et que même, si la transition est très-brusque, il y a suppression momentanée de la respiration, *apnée*.

Chez l'Homme, les variations des mouvements circulatoires et respiratoires dans l'air comprimé ont été l'objet d'observations nombreuses de la part des médecins. Les résultats auxquels ils sont arrivés sont assez contradictoires, ce qui tient sans doute en partie à ce qu'ils n'ont pas distingué les effets des compressions faibles (de 1 à 2 atmosphères) d'avec ceux des fortes compressions (2 à 5 atmosphères). Le phénomène le plus curieux qui ait été constaté, l'augmentation de la capacité des poumons, a été relaté plus haut (page 18), ainsi que les explications théoriques erronées que les auteurs en ont données.

Il ne me paraît pas utile d'insister dans le présent mémoire sur ces manifestations indirectes des modifications que l'augmentation de pression apporte dans l'équilibre organique. La cause intime est bien autrement intéressante à poursuivre ; or, elle me semble se trouver dans le fait inattendu que j'ai signalé dans le premier chapitre (voy. page 45), à savoir, que l'air comprimé, ou, pour parler plus exactement, que l'oxygène à pression élevée exerce sur les organes une action qui peut devenir redoutable, mortelle même. Pour l'étudier, j'ai dû, comme on fait en toxicologie, forcer les faits, agir à hautes doses.

Or, le phénomène qui frappe le plus à ces hautes pressions, ce sont les convulsions. Elles surviennent, chez les Moineaux, dans l'air ordinaire aux environs de 20 atmosphères ou dans les atmosphères d'oxygène presque pur, vers 4 atmosphères, lorsque, en un mot, la tension de l'oxygène, $O \times P$, arrive à valoir 350. A 450, elles sont très-énergiques et rapidement mortelles.

Je ne saurais mieux faire que de reproduire ici la note que j'ai eu l'honneur de présenter, à ce propos, le 17 février 1873, à l'Académie des sciences (1) :

« A 22 atmosphères d'air, disais-je, les convulsions surviennent au bout de quatre à cinq minutes : l'Oiseau secoue la tête et les pattes comme s'il marchait sur des charbons ardents ; bientôt il entr'ouvre les ailes, les agite vivement, et, tombant sur le dos, il tourne rapidement dans le récipient, battant avec violence l'air de ses ailes, les pattes contractées sous le ventre. Ces phénomènes durent pendant quelques minutes, puis se calment, pour reparaître par crises de plus en plus fréquentes et de moins en moins fortes, jusqu'à la mort ou la guérison. Aux très-hautes pressions, la mort survient dès la première crise.

» Ces accidents remarquables continuent à se manifester après que l'Oiseau, soustrait à l'influence de l'oxygène, a été ramené à l'air libre sous la pression normale ; ils peuvent même alors se terminer par la mort.

» Le fait principal étant constaté, il reste à chercher dans le sang la dose toxique de l'oxygène, et à déterminer avec soin les phénomènes et le mécanisme de cet étrange empoisonnement.

» *Dose toxique.* — Un certain nombre d'expériences faites sur les Chiens m'ont permis de fixer à 350 environ la pression extérieure de l'oxygène sous laquelle surviennent les convulsions ; la mort arrive vers la pression de 500. Comme je ne possédais pas une quantité d'oxygène suffisante pour charger à 5 ou 6 atmosphères mon appareil, qui contient près de 400 litres, je

_______________

(1) Voyez *Comptes rendus*, t. LXXVI, p. 443.

plaçais une canule dans la trachée du Chien en expérience, je mettais cette canule en communication avec un sac de caoutchouc plein d'oxygène, et j'exerçais la pression sur l'animal et le sac à la fois.

» J'ai pu, pendant que l'animal était ainsi sous pression, tirer du sang artériel et en extraire les gaz. J'ai vu ainsi que les accidents convulsifs débutent lorsque ce sang, qui contient d'ordinaire 18 à 20 centimètres cubes d'oxygène par 100 centimètres cubes de liquide, arrive, grâce à la pression, à en contenir de 28 à 30 centimètres cubes; la mort survient vers 35 centimètres cubes. Il y a, du reste, sous ce rapport, quelques différences quand on passe d'un animal à un autre.

» Mais il n'en est pas moins vrai que la dose toxique, mortelle, de l'oxygène dans le sang, est moins de deux fois plus considérable que la dose normale. Or, il n'est pas de poison dont nous pourrions avoir impunément dans le sang la moitié de la dose mortelle. Donc, si étrange que paraisse cette assertion, l'oxygène est un poison plus redoutable qu'aucun autre connu.

» *Phénomènes de l'empoisonnement.* — Ils sont, lorsqu'on les observe chez un Chien, des plus curieux et des plus effrayants.

» Prenons, par exemple, un animal chez qui la proportion d'oxygène aura, pour 100 centimètres cubes de sang artériel, atteint 32 centimètres cubes. Lorsqu'on le retire de l'appareil, il est généralement en pleine convulsion tonique; les quatre pattes sont roidies, le tronc est recourbé en arrière et un peu sur le côté; les yeux sont saillants, la pupille dilatée (1), les mâchoires serrées. Bientôt survient une sorte de relâchement auquel succède une nouvelle crise de roideurs avec convulsions cloniques ressemblant à la fois à une crise strychnique et à une attaque de tétanos. Ces crises, pendant les intervalles desquelles le Chien ne se relâche pas complétement, mais reste en opisthotonos, suspendent la respiration, le cœur continuant toujours à battre, quoique souvent avec une étonnante lenteur; la pression artérielle s'abaisse considérablement. La sensibilité reste conservée,

_____

(1) L'examen ophthalmoscopique montre une forte injection du fond de l'œil.

et il semble même qu'on puisse, en la mettant en jeu, exciter de nouvelles convulsions (1). Dans les cas moyens, ces périodes convulsives, qui apparaissaient d'abord toutes les cinq ou six minutes, deviennent plus rares, puis moins violentes ; la roideur diminue dans les intervalles, et finalement tout disparaît au bout de cinq, dix, ou même, comme je l'ai vu une fois, au bout de vingt heures.

» Dans les cas plus légers, au lieu d'attaques tellement violentes qu'on peut soulever l'animal par une seule patte, roide comme un morceau de bois, on observe des mouvements désordonnés, des convulsions locales, des phénomènes, en un mot, qui ressemblent beaucoup à ceux de l'empoisonnement par l'acide phénique. On voit parfois alors des actes qui semblent indiquer un certain désordre intellectuel. Dans les cas très-graves, au contraire, c'est-à-dire quand la proportion d'oxygène a atteint 35 centimètres cubes pour 100 de sang artériel, la roideur est continuelle, avec quelques redoublements cloniques de temps à autre ; les dents grincent et se serrent jusqu'à paraître près de se briser, et la mort peut survenir après une ou deux crises, dans le laps de quelques minutes. Le sang artériel noircit alors comme du sang d'asphyxié, et lorsque l'animal ne fait plus aucun mouvement, le cœur continue à battre encore pendant quelques minutes.

» *Mécanisme de l'empoisonnement.* — La vue seule des symptômes semble indiquer que l'action toxique produit son effet sur les centres nerveux, comme le font la strychnine, l'acide phénique et autres poisons convulsivants. Cette présomption est corroborée par ce fait que les inhalations de chloroforme arrêtent momentanément les convulsions, qui reparaissent quand a disparu l'anesthésie. Enfin le membre postérieur dont on a coupé le nerf sciatique ne présente pas de convulsions dans les muscles animés par ce nerf.

» Il est fort intéressant de voir que les accidents convulsifs

_______________

(1) Je me suis assuré, depuis la publication de cette note, que les convulsions sont certainement provocables par les excitations extérieures, comme celles de la strychnine.

continuent alors que le sang, après le retour de l'animal à l'air
libre, ne contient plus que la quantité normale d'oxygène.
Serait-ce donc que, sous l'influence de l'oxygène, il se formerait
dans le sang une matière toxique capable d'altérer les fonctions
des éléments anatomiques nerveux ? J'ai peine à le croire ; car,
ayant injecté dans les veines d'un Chien sain une forte quantité
de sang pris sur un Chien en pleines convulsions d'oxygène,
le premier n'a ressenti aucun accident toxique (1). Disons, en
passant, que les globules sanguins, examinés, n'ont rien présenté de particulier dans leurs formes ou leurs dimensions.

» Le dernier organe qui cesse d'agir est le cœur. Les nerfs
moteurs et les muscles conservent leurs propriétés pendant un
temps normal après la mort. Les animaux morts en convulsions
deviennent flasques, et la rigidité cadavérique ne se montre pas
extrêmement vite.

» En pénétrant un peu plus dans l'intimité du phénomène,
nous voyons que la température de l'animal baisse parfois de
2 à 3 degrés dès le début des accidents convulsifs ; elle se relève au bout de quelques heures, quand l'animal doit survivre.
L'oxygénation exagérée n'est donc pas, comme on pourrait le
penser, l'occasion d'une combustion plus énergique, et par suite
d'une température plus élevée. Au contraire, le travail combu-
rant intra-organique paraît en être diminué.

» Je me borne aujourd'hui à tirer des faits ci-dessus rapportés
les conclusions suivantes :

» 1° L'oxygène se comporte comme un poison rapidement
mortel, lorsque sa quantité dans le sang artériel s'élève à environ
35 centimètres cubes par 100 centimètres cubes de liquide.

» 2° L'empoisonnement est caractérisé par des convulsions
qui représentent, suivant l'intensité des accidents, les divers

---

(1) Je puis être aujourd'hui plus affirmatif. J'ai, en effet, injecté à des Chiens
rendus préalablement exsangues des quantités considérables (un dix-neuvième du poids
de leur corps) de sang qui venait d'être chargé d'oxygène à la dose ordinairement
mortelle ; ces animaux n'ont éprouvé de cette injection que les effets bienfaisants ordinaires. Donc aucune matière toxique ne s'était formée dans le sang, et les propriétés
physiologiques des globules n'avaient point été altérées.

ARTICLE N° 1.

types du tétanos, de la strychnine, de l'acide phénique, de l'épilepsie, etc.

» 3° Ces accidents, que calme le chloroforme, sont dus à une exagération du pouvoir excito-moteur de la moelle épinière.

» 4° Ils s'accompagnent d'une diminution considérable et constante de la température interne. »

Je puis ajouter à cette note un certain nombre de faits inté-ressants. Je dirai d'abord que si, pour obtenir les convulsions et la mort assez rapidement, il faut, chez les Chiens, pousser la tension de l'oxygène à 350 (valant 17 atmosphères d'air), je les ai vues survenir, et se terminer par la mort, au bout de sept heures, à 10 atmosphères d'air, la tension n'étant par conséquent que de 210. Ainsi la dose mortelle est, avec un séjour suffisamment prolongé, beaucoup moins élevée que je ne l'avais cru d'abord : observation bien importante pour l'hygiène des ouvriers soumis à l'air comprimé.

Mais le fait curieux, inattendu, c'est l'action toxique (je suis bien obligé de l'appeler ainsi, bien que cette expression me choque) de l'oxygène à trop haute dose. Fait non moins inat-tendu, il agirait en diminuant les combustions intra-organiques, celles du moins d'où résulte la chaleur. Pour celles-ci, le fait est constant, vu la chute énorme et rapide de la température ; j'ai tenté de serrer de plus près cet apparent paradoxe.

Tout d'abord j'ai cherché si la proportion du sucre contenu dans le sang artériel serait plus forte ou moins forte avant l'expé-rience que pendant les convulsions. Mes expériences me con-duisent à penser que le sucre est en proportion plus forte pendant la phase convulsive ; cela résulte d'analyses faites comparative-ment avec d'excellentes liqueurs bien titrées. Mais j'avoue que ces analyses comparatives sont délicates, difficiles, et que les conclusions à en tirer me paraissent un peu aventurées (1).

J'ai alors employé une méthode toute différente : je fais respirer pendant quinze minutes l'animal dans un grand sac de caout-

____

(1) J'ai trouvé dans un cas, où les accidents convulsifs se sont terminés par la mort, une grande proportion de sucre dans l'urine.

chouc plein d'un certain volume d'air, et je détermine la quantité d'oxygène consommé et de $CO_2$ formé pendant ce temps. Puis je place le Chien dans la machine à compression, et lui donne les convulsions de l'air comprimé, mais non à un degré menaçant pour sa vie. Je le retire alors, et, après l'avoir laissé respirer à l'air libre pendant dix à quinze minutes, je le fais à nouveau respirer dans un autre sac de caoutchouc plein de la même quantité d'air que le premier, et ce, pendant le même temps. Je puis alors comparer les deux résultats, et en tirer quelques indications. Or, voici deux exemples :

|  | I. | II. |
|---|---|---|
| Ox. consommé avant | $489^{cc}$ | $395^{cc}$ |
| Ox. consommé après | 298 | 215 |
| $CO_2$ formé avant | 299 | 241 |
| $CO_2$ formé après | 188 | 199 |

La température des animaux était tombée : pour le premier, de 39°,8 à 38 ; pour le deuxième, de 39 degrés à 37 ; ils avaient eu des convulsions médiocres, mais étaient restés calmes pendant la respiration dans le sac : ils ont survécu.

Il est donc bien évident que chez ces Chiens l'absorption d'oxygène, la production de $CO_2$, avaient été enrayées par l'action trop violente d'un excès d'oxygène.

Cela est tout à fait en rapport avec ce que nous avons dit de la moindre proportion de l'acide carbonique dans le sang artériel des animaux sous pression (voy. page 64). Par malheur, je n'ai pas à ma disposition des quantités d'oxygène suffisantes pour me permettre d'analyser les gaz du sang de Chiens placés sous pression dans un courant d'oxygène pur, et je n'ai jamais pu, dans mon appareil à compression, relativement étroit, placer convenablement un flacon à potasse sur le trajet du sac d'oxygène à la trachée ; en telle sorte que je trouvais toujours dans le sang des quantités exagérées d'acide carbonique.

Mais j'ai tourné la difficulté en analysant le sang artériel quelque temps après que l'animal était sorti de l'appareil. J'ai vu alors que l'acide carbonique, d'abord en excès dans son sang à cause de la respiration dans le sac clos, s'épuisait rapidement,

et que sa proportion arrivait à un chiffre singulièrement bas.
Voici quelques exemples :

|  | Ox. | CO². |
|---|---|---|
| A. Le sang contenait, avant l'expérience...... | 15,3 | 43,5 |
| A 7 atmosphères d'air suroxygéné (*sac clos*). | 25,6 | 72,2 |
| 40 minutes après la décompression ....... | 16,8 | 17,7 |
| 70 id. id. ....... | 16,8 | 30,3 |
| (L'animal meurt.) | | |
| B. Avant l'expérience........................ | 15,0 | 35,1 |
| 7 atmosphères d'air suroxygéné (*sac clos*).. | 34,6 | 78,5 |
| 27 minutes après la décompression........ | 18,0 | 22,4 |
| 67 id. id. ........ | 18,1 | 33,6 |
| (L'animal survit.) | | |
| C. Avant l'expérience..................... | 16,5 | 45,9 |
| 30 minutes après la décompression........ | 14,7 | 11,1 |
| 1 h. un quart id. ........ | 19,2 | 18,6 |
| Survit. | | |

Ce dernier exemple est tout à fait remarquable ; je n'ai jamais
obtenu une aussi faible proportion d'acide carbonique. J'ajoute
que l'animal respirait par les voies naturelles et non par la trachée ouverte, ce qui peut, comme je l'ai déjà dit, beaucoup
modifier les résultats. (Voy. plus haut, page 47.)

Les animaux dont l'exemple vient d'être cité avaient eu des
convulsions dans l'appareil et dehors, mais ils n'en avaient plus
lorsqu'on prit le sang pour en extraire les gaz. Voici, au contraire, les résultats fournis par un Chien dont on prit le sang
en pleine convulsion.

|  | Ox. | CO². |
|---|---|---|
| Avant l'expérience, respiration par les voies normales. | 15,9 | 42,9 |
| Id., respiration par la trachée..................... | 21,3 | 25,8 |
| A 6 3/4 atmosphères d'un air suroxygéné (*en sac clos*). | 36,3 | 97 |
| Pendant les convulsions (*à l'air libre*)............. | 20 | 15,6 |

Tout tend donc à démontrer que sous l'influence d'une oxygénation trop forte, les oxydations intimes diminuent et que la
production d'acide carbonique en fait autant ; d'où résulte
l'abaissement énorme de la température.

Ce premier point étant à peu près complétement établi, j'ai porté mon attention sur la question du mécanisme, de la cause prochaine de la mort. Le trouble des modifications chimiques nutritives, l'excitation exagérée du système nerveux central sont des phénomènes consécutifs à l'introduction dans le sang d'un excès d'oxygène ; mais on peut ici faire trois hypothèses principales. Ou bien c'est la trop grande quantité d'oxygène, absolument parlant, répandue dans tout l'organisme, qui modifie en tous lieux les processus chimiques de tous les éléments anatomiques ; ou bien les phénomènes de dépression dans les combustions sont la conséquence d'une action portée directement sur le système nerveux ; ou, enfin, c'est l'existence, à un moment donné, dans la masse même du sang, d'une trop grande quantité d'oxygène, qui empêcherait les échanges nutritifs entre le sang et les tissus, d'où les phénomènes convulsifs et la mort.

Cette dernière hypothèse a été écartée facilement ; il m'a suffi pour cela de soumettre à l'influence de l'oxygène comprimé des Chiens saignés presque à blanc. Je les ai vus alors pris par les convulsions avec la pression oxygénée extérieure accoutumée ; ils m'ont même paru périr plus rapidement que les animaux sains. Or, certainement, ils n'avaient pas dans un volume donné de leur sang, devenu par la saignée bien pauvre en globules, la proportion ordinairement mortelle de l'oxygène, c'est-à-dire d'environ 35 volumes pour 100 volumes de sang ; encore bien moins en avaient-ils, dans la masse totale du sang, la quantité qu'en aurait eue un Chien non saigné et suroxygéné, puisque je leur en avais ôté les trois quarts. Malheureusement, l'analyse directe des gaz de ce liquide m'a paru impossible ; je n'ai pu, vu la faiblesse des contractions cardiaques, extraire le sang, sous pression, de ces animaux saignés à blanc.

Ce n'est donc pas la masse totale d'oxygène existante dans le sang à un moment donné qui occasionne les convulsions ; celles-ci, du reste, nous l'avons déjà vu, persistent bien après que l'excès d'oxygène est parti du sang. Restent les deux autres hypothèses, entre lesquelles des expériences en cours d'exécution me permettront bientôt de prendre un parti.

ARTICLE Nº 1.

Il reste établi, par les expériences qui précèdent, que l'augmentation d'oxygène dans le sang, au-dessus de la proportion habituelle, devient rapidement défavorable, redoutable, mortelle; mais rien ne prouve qu'il n'y ait pas, au début, un certain avantage à augmenter faiblement cette proportion, et c'est ce que semblent indiquer ou, pour mieux dire, ce qu'indiquent clairement les applications médicales de l'air comprimé. Je reviendrai sur ce point dans un autre chapitre, ainsi que sur les considérations pratiques qui peuvent en découler et s'appliquer à l'hygiène des ouvriers travaillant sous pression. C'est évidemment à l'action prolongée de l'oxygène en excès qu'il faut attribuer les accidents auxquels ils sont en proie à la longue; je laisse de côté, à cause d'un mécanisme tout différent, les accidents subits qui les frappent au moment de la décompression : il en sera question dans un chapitre à part.

J'ai fait, sur les animaux inférieurs placés sous pression d'oxygène, un certain nombre d'expériences, dont je vais rendre compte ici brièvement.

Les Grenouilles, les Lézards, les animaux invertébrés, paraissent être tués par la même valeur de tension oxygénée; seulement ils le sont plus ou moins rapidement.

Les Reptiles présentent les mêmes convulsions que les animaux à sang chaud. On voit leur respiration se ralentir dans l'oxygène comprimé; leur cœur se ralentir également, mais continuer à battre après la mort, après la cessation des mouvements réflexes. Les Articulés, les Vers de terre et les Limaçons que j'ai mis en expérience ne m'ont pas paru atteints de convulsions, ce qui ne les sauve pas de la mort.

Les animaux qui, les premiers, dans des expériences simultanées, ont éprouvé les effets funestes de l'oxygène, ont été les Mouches; après elles, les Abeilles, les Papillons, puis les Libellules, les Punaises, notablement plus loin les Fourmis et les Coléoptères (Longicornes, Carabiques). Les Cloportes, et surtout les Arachnides (Araignées, Acariens) et les Myriapodes (Scolopendres, Géophiles), résistent bien davantage ; enfin viennent les Vers de terre et les Limaçons.

Le grand intérêt de cet ordre de recherches est de montrer que la mort par l'excès d'oxygène ne tient pas à un mécanisme particulier aux animaux à globules rouges, mais est un fait général.

J'ai cherché à voir ce qu'il adviendrait pour les animaux aquatiques, et j'ai fait expérience avec des Anguilles de la *montée*, poissons transparents dont on voit battre le cœur. A 10 atmosphères d'air, je les ai conservées en vie pendant trois jours, sans autre trouble qu'un abaissement du nombre des pulsations, et une telle diminution de la respiration, qu'on voyait à peine remuer leur bouche.

A 5 1/2 atmosphères d'air suroxygéné (valant en tension 15 atmosphères d'air), les pulsations étaient tombées en vingt-quatre heures de 40 à 20, et les respirations, très-faibles, de 78 à 20 ; il y eut des convulsions, les animaux se tordant en huit, et la mort survint en moins de quarante heures. Enfin, à 11 atmosphères suroxygénées, correspondant à 26 atmosphères d'air, la mort a eu lieu en moins de vingt heures.

Ce fait montre que, bien évidemment, l'eau des profondeurs de la mer ne doit pas être plus riche en oxygène que celle de la surface, sans quoi les Poissons y périraient bientôt. Si bien que, si une source d'air venait à sourdre au fond de l'Océan par 100 mètres seulement de profondeur, la colonne verticale qu'elle traverserait, et où elle saturerait l'eau d'oxygène sous pression, serait absolument inhabitable pour les animaux. Nous verrons plus loin que l'eau ne peut pas davantage être plus riche en azote dans les profondeurs qu'à la surface.

L'oxygène, à trop haute dose, est donc un agent mortel pour toutes les espèces animales.

## CHAPITRE IV.

DE L'EMPOISONNEMENT PAR L'ACIDE CARBONIQUE. — DE L'ASPHYXIE
DANS L'AIR EN VASES CLOS.

Nous avons vu que : 1° en vases clos, dans l'air, à des pressions variant de 2 à 8 atmosphères ; 2° à la pression normale ou à des pressions inférieures, dans de l'air suroxygéné, la mort arrive par suite d'empoisonnement dû à l'acide carbonique formé par l'animal. Nous en avons déterminé la dose (en tant que tension extérieure) mortelle pour les Moineaux (de 24 à 26). Pour les Chiens, des expériences faites, soit dans l'air comprimé, soit dans l'oxygène à la pression normale, m'ont donné une tension qui varie de 35 à 45 ; pour les Rats, elle va de 28 à 30.

Je devais étudier d'un peu près, au point de vue des doses et des phénomènes toxiques, cette question, qui rentre dans mon sujet, et qui me paraissait destinée à élucider quelques points intéressants.

Comme il devait s'agir de faire l'analyse des gaz du sang, j'ai dû mettre en expérience des Chiens ; mais alors il m'a fallu, comme conséquence, mon appareil à compression étant trop vaste et ne permettant pas une fermeture complétement hermétique, ne pas employer l'air comprimé, mais bien l'air suroxygéné. Je forçais l'animal à respirer dans un sac contenant de 50 à 60 litres de cet air, et je pouvais aisément, jusqu'à la mort, examiner, aux différents moments de l'expérience, les phénomènes présentés par l'animal, la composition des gaz du sang et celle de l'air contenu dans le sac.

Le tableau ci-après donne les détails principaux d'une de mes expériences.

Il s'agit d'un Chien du poids de 16 kilogr. qui fut contraint à respirer, par un tube trachéal, dans un sac contenant environ 60 litres d'air à 80 pour 100 d'oxygène. Il vécut ainsi 5 heures 40 minutes. La température extérieure était de 13 degrés.

| | Au début. | Après 1 heure. | Après 2 heures. | Après 3 heures. | Après 4 heures. | Après 5 heures. | Mort à 5 h. 45 m. |
|---|---|---|---|---|---|---|---|
| Oxygène du sac, pour 100.... | 82,0 | 66,2 | 51,7 | 42,5 | 37,8 | 34 | 31,8 |
| $CO_2$.......... | 0 | 15,5 | 29,7 | 37,3 | 41,0 | 44 | 45,7 |
| Oxygène du sang artériel...... | 22,2 | 21,8 | 21,9 | 22,2 | 24,5 | 17 | 10,2 |
| $CO_2$.......... | 44,8 | 66,0 | 83,0 | 94,5 | 100,0 | 106 | 119,0 |
| Température rectale......... | 37,8° | 36,0° | 32,5° | 31,0° | 29,5° | 28° | 27,0° |
| Respirations...... | » | 44,0 | 39,0 | 29,0 | 20,0 | 8 | » |
| Pulsations........ | » | 100,0 | 89,0 | 60,0 | 48,0 | 28 | » |
| Press. du cœur. ...... | | 13 à 16ᶜ | 14 à 16ᶜ | | 11 à 15ᶜ | 8 à 10ᶜ | |

J'ai exprimé ces résultats sous forme de graphiques, dont la lecture est bien plus aisée.

Les tracés du graphique XV représentent les altérations de l'air du sac et les changements dans la température de l'animal; ceux du graphique XVI, les modifications dans la composition des gaz du sang, dans les rhythmes respiratoire et circulatoire.

Dans ces deux graphiques, les temps sont portés sur l'axe des abscisses; la quantité d'Ox. ou de $CO_2$ contenus, soit dans le sang, soit dans l'air du sac, le nombre des mouvements de la respiration et des battements du cœur, les degrés de température correspondent aux chiffres marqués sur l'axe des ordonnées.

Le graphique XVII représente les modifications dans la richesse en acide carbonique du sang, comparées aux proportions de ce même gaz contenu dans l'air respiré, celles-ci étant portées sur l'axe des abscisses. Il exprime par conséquent les conditions de l'équilibre variable entre la tension de l'acide carbonique du sang et celui de l'air respiré.

Enfin, sur le graphique XVIII, les divers phénomènes présentés par la respiration, la circulation, la température de l'animal, sont disposés en regard de la richesse du sang en CO, laquelle constitue l'axe des abscisses; le manque d'espace a forcé de donner aux ordonnées des pulsations une hauteur moitié moindre qu'à celles des respirations et de la température.

Je dois faire observer tout d'abord que l'animal en expérience, lorsque sa trachée fut ouverte, fut pris d'une accélération respiratoire extraordinaire, qui, au bout de quelques minutes, le fit tomber en état d'*apnée*. Il commençait à revenir

à lui, lorsque je lui fis respirer l'oxygène : nouvelle apnée.
Puis, agitation assez violente, pendant laquelle furent constatés, pour la respiration, le chiffre 21, pour les pulsations, celui
de 150. J'ai porté ces chiffres aux tracés du graphique XVIII,

Graphique XV.

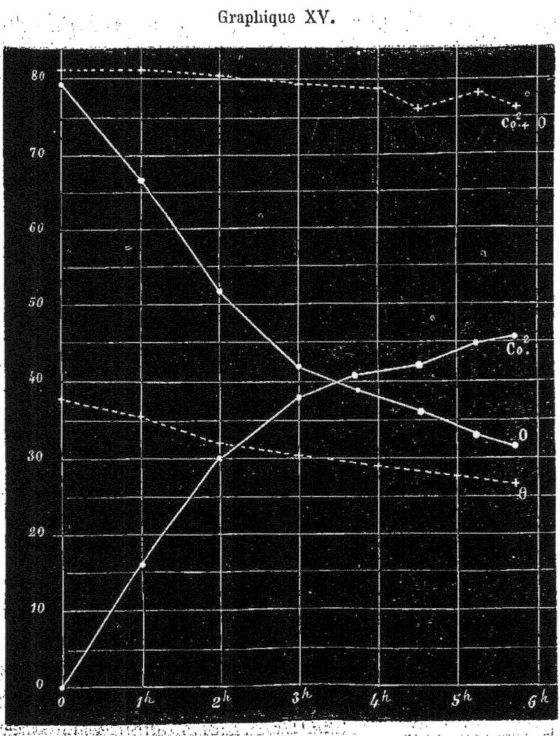

à cause de la marche inverse qu'ils leur impriment à leur début;
mais l'influence de l'acide carbonique ne commence évidemment
à se dégager des autres qu'au second point marqué sur ces tracés
respiratoire et circulatoire.

Examinons maintenant les tracés.

Tout d'abord nous voyons (graphique XVI, tracé Ox.) que
la proportion d'oxygène contenu dans le sang s'est maintenue

pendant toute l'expérience à une valeur au-dessus de la moyenne, et qu'à la mort même elle était encore de 10 pour 100. Il n'y a donc eu, de ce côté, aucune influence mauvaise.

Graphique XVI.

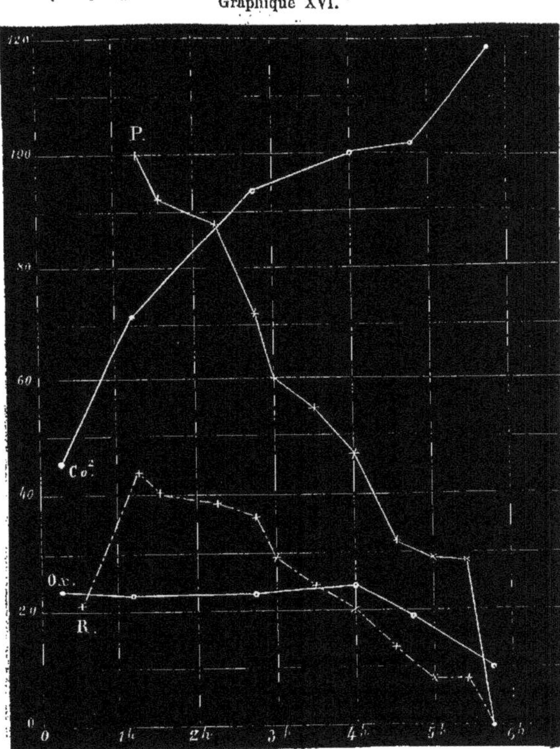


La température (graphique XV, tracé θ) s'est abaissée considérablement : de 37°,6 à 27 degrés ; notons que l'animal respirait dans un sac, où cependant l'air a dû bientôt s'échauffer assez notablement.

D'un autre côté, l'absorption d'oxygène (graphique XV, tracé Ox. : la valeur de cette absorption s'obtient aisément en projetant les différents points du tracé sur l'axe des ordonnées) a été aussi considérable dans la deuxième heure que dans la première, et encore très-notable dans la troisième; cependant, malgré cette fixation d'oxygène, la température s'est abaissée. Plus tard la consommation d'oxygène a notablement diminué.

Graphique XVII.

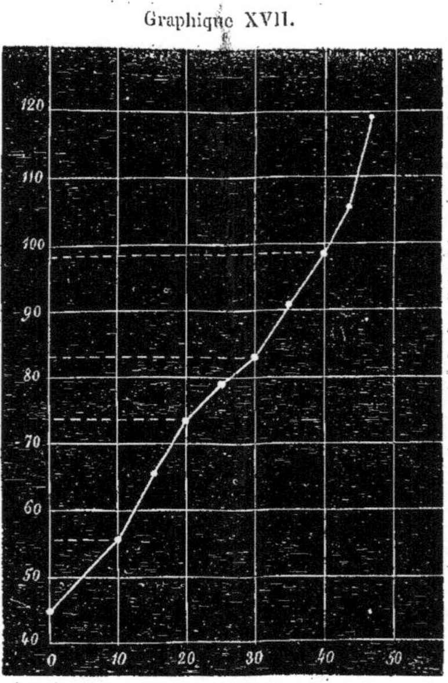

L'acide carbonique du sang (graphique XVI, tracé $CO^2$) augmente énormément : de 44 volumes pour 100 de sang artériel, il monte à 119. Il augmente de moins en moins rapidement par rapport au temps, excepté dans la dernière demi-heure, où, bien évidemment, une partie provient de la transformation directe de l'oxygène du sang, qui lui-même diminue soudain. Le graphique XVII montre qu'il a augmenté à peu près de quantités égales pour des augmentations égales dans la proportion du même gaz contenu dans l'air extérieur : la partie surajoutée à ce qui existait déjà a donc suivi à peu près la loi de Dalton.

     **P. BERT.**

Les respirations, les pulsations diminuent rapidement de nombre ; la pression cardiaque s'est maintenue à un chiffre élevé jusqu'aux environs de la fin de l'expérience.

Voilà ce que disent les graphiques. Il convient d'y ajouter quelques faits relatifs tant à la présente expérience qu'à toutes celles que j'ai faites sur d'autres animaux.

Graphique XVIII.

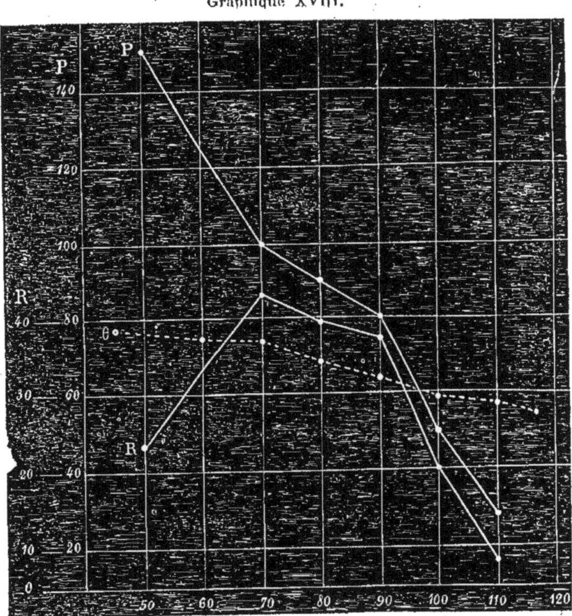

L'animal reste parfaitement tranquille pendant toute la durée de l'expérience ; au moment où le sang artériel contient de 80 à 90 volumes d'acide carbonique, les pattes, les nerfs cruraux et sciatiques deviennent complétement insensibles ; l'œil ne perd sa sensibilité que plus tard, aux environs de 100 volumes. La mort survient sans apparence de convulsions. Il est même difficile d'en constater le moment. Sur la fin, les respirations se ralentissent tellement, que je les ai vues, dans certains cas, ne

ARTICLE N° 1.

se faire que toutes les deux ou trois minutes. Quand elles ont cessé, le cœur bat encore pendant plusieurs minutes.

Après la mort, l'excitabilité des nerfs moteurs persiste pendant le même temps que dans les morts ordinaires.

Les tissus sont chargés d'acide carbonique. J'en ai la preuve en laissant séjourner pendant vingt-quatre heures dans une solution de potasse un certain poids de muscles, par exemple, puis en faisant, par la pompe à mercure, en présence d'acide sulfurique, l'extraction de l'acide carbonique contenu dans ce liquide et aussi dans la solution type. Je trouve ainsi que les muscles qui, d'ordinaire, ne contiennent pour 100 volumes que 15 à 20 volumes de ce gaz, en donnent alors jusqu'à 60 volumes; on en extrait moins du cerveau; mais j'en ai vu jusqu'à 100 volumes dans 100 volumes d'urine, et l'estomac en est souvent gonflé et distendu.

Les mêmes phénomènes, cela n'est pas inutile à rappeler, se manifestent chez les animaux qui sont morts dans l'air comprimé et confiné, entre 2 et 8 atmosphères. Chez eux aussi, la respiration se ralentit notablement, le cœur continue à battre après la mort, la température s'abaisse prodigieusement; la mort survient sans aucune convulsion, après une longue période d'insensibilité, le sang demeure suffisamment riche en oxygène, et se sature presque, ainsi que les tissus, d'acide carbonique.

Je demande, à ce dernier propos, la permission de citer une expérience bien caractéristique. Quatre Moineaux sont placés en vases clos : A, dans l'air à 6 atmosphères ; B, dans de l'air suroxygéné ; C, dans l'air à la pression ordinaire ; D, dans l'air à une demi-atmosphère. L'analyse par la potasse, suivant la méthode ci-dessus décrite, montre que 100 grammes du corps de ces Moineaux contenaient : A, 33 centim. cub. de $CO^2$; B, 36 ; C, 17 ; D, 0. D est mort par simple privation d'oxygène; A et B, par empoisonnement carbonique ; C, par asphyxie ordinaire, phénomène mixte, comme je le montrerai tout à l'heure.

Quand on arrête l'expérience au moment où le sang contient de 80 à 90 volumes de $CO^2$, l'animal étant insensible, on voit, après quelques minutes de respiration à l'air, la sensibi-

lité reparaître. Bientôt le Chien roidit lentement les pattes, se
tord lourdement sur lui-même, avec toutes les allures d'un animal hibernant qu'on réveille. En vain essaye-t-il de se remettre
sur ses pattes ; plus tard, il a souvent des mouvements de ma-
nége assez curieux qui durent quelques minutes. Dans d'autres
circonstances, il présente de singulières trépidations, ou même
des convulsions irrégulières qui ressemblent à celles que produit
l'acide phénique. La température s'élève sur ces entrefaites,
l'acide carbonique s'élimine rapidement du sang et sans doute
aussi des tissus, et l'animal survit.

Il est à noter que ce réveil, qui ressemble tant à celui des animaux refroidis, arrive lors même qu'on a fait respirer tout d'un
coup à l'animal un mélange très-carboniqué qui l'a rendu insensible en quelques minutes, sans abaisser sa température.

Je puis donc tirer des faits ci-dessus rapportés les conséquences suivantes :

A. Quand un animal respire en vase clos, soit dans l'air
comprimé, soit dans l'oxygène à la pression normale, en telle
sorte que l'oxygène ne lui fasse jamais défaut, la tension croissante du $CO^2$ dans l'air maintient une proportion croissante du
même gaz dans le sang ; d'où il résulte que l'acide carbonique
produit dans la profondeur des tissus reste dans ces tissus ; l'organisme s'en sature presque. Il agit alors tout particulièrement
sur les centres nerveux, et amène la mort par cessation des mouvements respiratoires.

B. Aucune agitation, aucun mouvement convulsif ne précède
la mort. Rien ne prouve mieux l'erreur de la théorie soutenue
par beaucoup de physiologistes, d'après laquelle les convulsions générales ou locales de l'asphyxie, de l'hémorrhagie, etc.,
seraient dues à l'acide carbonique maintenu en excès dans le
sang ou dans les tissus. Ces convulsions auxquelles, comme je
l'ai souvent dit, on a accordé une valeur théorique qu'elles ne
méritent pas, sont évidemment dues à un trouble brusque dans
les conditions de nutrition de la moelle épinière. Il suffit d'agir
avec une certaine lenteur pour qu'elles ne se manifestent pas.

ARTICLE N° 1.

Je rappelle ici que j'ai montré au contraire les convulsions survenant chez les animaux rapidement décomprimés, où l'acide carbonique disparaissait presque des tissus et du sang. Enfin, chez les animaux empoisonnés par l'acide carbonique, c'est précisément lorsque ce gaz sort des tissus que surviennent les mouvements convulsifs.

C. L'abaissement rapide de la température me paraît mériter une attention particulière. Lorsqu'on examine la courbe qui exprime l'absorption de l'oxygène extérieur, on voit que pendant les premières heures elle indique une absorption normale et régulière d'oxygène, et cependant la température diminue. Ainsi, malgré l'entrée dans le sang d'une grande quantité d'oxygène, les oxydations intra-organiques qui fournissent la chaleur diminuent d'intensité au fur et à mesure que le sang et les tissus se chargent d'acide carbonique.

D. Le cœur, tout en ralentissant de bonne heure ses battements, n'en demeure pas moins l'*ultimum moriens*. Ceci n'est pas en contradiction avec l'action bien connue que l'acide carbonique, respiré tout d'un coup, exerce sur le cœur. J'ai montré dès 1864, que si l'on place deux Rats nouveau-nés, l'un dans l'acide carbonique, l'autre dans l'azote, le cœur de ce dernier continue à battre pendant plus d'un quart d'heure, tandis que celui du premier est arrêté en deux ou trois minutes. Mais ces conditions sont toutes différentes de celles de mes expériences actuelles. Il s'agit ici d'acide carbonique lentement formé par l'organisme lui-même, et non d'un flot d'acide arrivant tout à coup au sang du cœur gauche.

E. Cette persistance des battements du cœur, le maintien de la pression cardiaque à une valeur élevée, éloignant toute crainte de syncope, me paraissent mériter d'appeler l'attention des chirurgiens sur l'emploi, comme anesthésique, de l'acide carbonique produit par la méthode dont j'ai parlé, c'est-à-dire par la respiration de l'oxygène en vase clos. A un moment où le sang artériel contient environ 80 volumes de ce gaz, où le cœur bat 90 fois à la minute, où la pression carotidienne est restée à son chiffre normal, où il n'y a aucune espèce de danger pour la vie de l'animal, on peut écraser les doigts de celui-ci, lui tailler les membres, lui galvaniser les nerfs sciatiques, sans obtenir le moindre signe de douleur ni le moindre mouvement réflexe. Ceci encouragera peut-être à reprendre par la méthode nouvelle les tentatives peu importantes qu'on a déjà faites pour l'anesthésie générale au moyen de l'acide carbonique. L'état anesthésique ne paraît ici précédé d'aucune période d'excitation ou de révolte ; mais il conviendra de faire entrer en ligne de compte l'abaissement de température dont il est accompagné, et aussi de veiller à ce que l'acide carbonique emmagasiné ne s'élimine pas trop vite, à cause des convulsions de retour.

Je termine en rappelant que, d'après mes anciennes recherches (1), la tension mortelle de l'acide carbonique dans l'air extérieur est, pour les Reptiles, exprimée par un chiffre moins élevé que pour les animaux à sang chaud. C'est aux environs de 16 à 18 pour 100 qu'arrive la mort.

De là découlent des conséquences assez curieuses sur les théories paléontologiques qui expliquent l'antériorité du type Reptile par l'impureté de l'air alors chargé de $CO_2$ et impropre à la vie des Mammifères. C'est le contraire qu'il faudrait dire. J'ai vu depuis longtemps que l'acide carbonique est pour les Grenouilles qu'on y plonge un poison plus rapide même que l'oxyde de carbone ; ce qui s'explique aisément : CO agissant à la façon d'une simple hémorrhagie, ou d'une asphyxie dans Az, en supprimant l'oxygène des globules du sang, tandis que $CO^2$ empoisonne les tissus eux-mêmes. Seulement, si l'on arrête l'expérience avant que les animaux soient tout à fait morts, la Grenouille de $CO^2$ se remet assez vite ; celle de CO meurt au contraire, étant définitivement privée physiologiquement de ses globules sanguins.

*Asphyxie.* — Les recherches qui précèdent m'ont tout naturellement conduit à m'occuper de l'asphyxie en vases clos, dans l'air ordinaire, à la pression normale. Ici, au moment de la mort, tension très-faible de l'oxygène, tension assez forte

(1) Voy. *Bulletins de la Société philomatique,* 1864.

ARTICLE N° 1.

de $CO_2$. A laquelle des deux influences est due la mort? Toutes deux interviennent-elles?

J'ai déjà traité cette question dans mes *Leçons sur la respiration*, et, me basant exclusivement sur la composition chimique de l'air devenu mortel (1), j'étais arrivé aux conclusions suivantes :

A. Pour les animaux à sang chaud, la mort a lieu par privation d'oxygène ;

B. Pour les animaux à sang froid, par empoisonnement dû à l'acide carbonique.

L'examen direct du sang et des tissus, la comparaison avec les résultats énoncés ci-dessus, confirment la première de ces conclusions; la seconde est restée en dehors de mes recherches nouvelles. Déjà, du reste, les expériences sur la mort par diminution de pression m'avaient montré que le chiffre de la tension minimum d'oxygène compatible avec la vie était précisément celui de l'oxygène qui reste dans les cloches pleines d'air ordinaire, à la pression normale, après l'asphyxie.

Je ne dirai rien des symptômes de l'asphyxie en vases clos; ils sont connus, et bien connus aussi les résultats des autopsies. Je me contente de donner des graphiques résumant les différentes phases d'une expérience faite sur un Chien qui respirait, à l'aide d'un tube fixé dans la trachée, de l'air contenu dans un sac de caoutchouc (environ 120 litres).

A gauche (graphique XIX), se trouvent tracées les altérations de l'air du sac : O restant, CO produit, $CO_2 + O$, somme de l'oxygène *restant* et du $CO_2$ produit. A droite, la courbe de la température $\theta$, qui a baissé de 38°,5 à 36 degrés, et les altérations des gaz du sang.

Si l'on considère d'abord la courbe de l'oxygène du sang, on voit qu'elle aboutit à une valeur inférieure à 1 pour 100. Mais j'ai toujours, différant en ceci de la plupart des auteurs allemands, trouvé dans le sang artériel des animaux asphyxiés une quantité appréciable d'oxygène. Cette proportion est ici aussi

(1) Page 525.

faible que dans les expériences où je supprimais l'acide carbonique (page 92 et suiv.).

Si maintenant je dresse un graphique (graphique XX) en
prenant pour abscisses les valeurs d'oxygène contenu dans l'air
extérieur, et en portant sur les ordonnées les quantités d'oxygène

Graphique XIX.

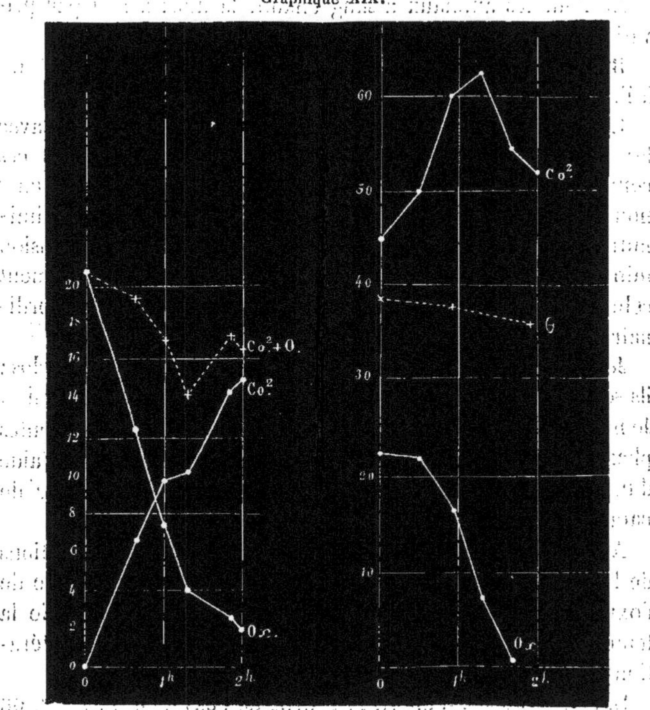


contenues dans 100 volumes de sang artériel, j'arrive à un résultat
qui ressemble tout à fait au graphique VII, tracé Ox., de la page 57;
ce qui montre que l'intervention du $CO_2$ n'a ici nullement agi.

Je signale en passant ce fait que l'insensibilité à l'œil et la dilatation de la pupille ne surviennent qu'aux limites extrêmes,

alors qu'il n'y a plus que de très-faibles proportions d'oxygène (de 1 à 2 pour 100) dans le sang. Il n'y a donc rien d'étonnant que ce soit un signe prochain de la mort dans l'asphyxie.

Envisageant maintenant l'acide carbonique de l'air (graphique XIX, à droite, tracé $CO^2$), la première chose qui frappe, c'est

Graphique XX.

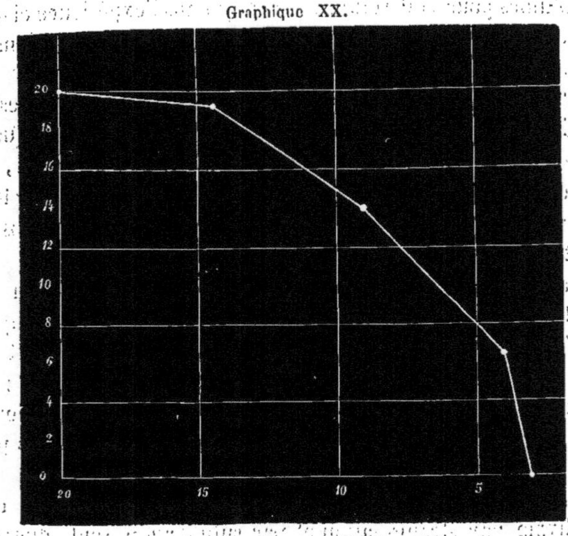

le point de rebroussement correspondant à 1 heure 20 minutes; il montre que dans les derniers moments de la vie, il y a dans le sang moins de $CO^2$ que quelques instants auparavant. Lorsque je constatai ce fait pour la première fois, je crus que cet acide, à ce moment où les pulsations sont très-ralenties, s'était imbibé dans les tissus. Mais si l'on examine comparativement le tracé du $CO^2$ du sang avec celui du $CO_2 + O$ de l'air (graphique XIX, à gauche), on voit que, au moment où $CO^2$ diminue dans le sang, il augmente considérablement dans l'air expiré, qu'en un mot il sort de l'animal. J'ai dans toutes mes analyses constaté ce fait ignoré jusqu'ici. Il coïncide avec un grand ralentissement de la respiration, ce qui n'en rend pas l'explication plus facile.

Quand le volume de l'air où se fait l'asphyxie est très-faible (20 litres pour un Chien de 12 kilogr.), et à plus forte raison dans l'étranglement ou la noyade, on voit, dès le début, l'acide carbonique diminuer dans le sang artériel.

Laissant de côté ce problème incident, nous voyons que la richesse en acide carbonique du sang artériel n'a jamais dépassé 62 volumes pour 100 volumes de sang dans l'expérience ci-dessus rapportée, ni dans aucune de celles que j'ai faites dans les mêmes conditions.

Or, pour que ce gaz exerce une action toxique se manifestant par l'insensibilité, sans menacer encore la vie, il faut que sa proportion dépasse 80 pour 100. Donc, bien évidemment, son rôle dans l'asphyxie, car il ne faut peut-être pas lui refuser toute action, est singulièrement restreint et faible ; mais il est absolument nul dans l'étranglement et la noyade.

L'analyse des tissus par la méthode ci-dessus indiquée le montre parfaitement encore. Les muscles d'un Chien asphyxié, traités par la potasse, puis par le vide, comme il a été dit page 99, ne m'ont donné que des quantités de $CO_2$ très-peu supérieures à celles qu'on trouve dans les muscles d'animaux tués par section du bulbe, c'est-à-dire de 20 à 30 volumes pour 100 volumes de muscles.

En définitive, et tout considéré, l'asphyxie en vases clos, l'asphyxie par strangulation et par submersion, sont dues à la privation de l'oxygène, l'acide carbonique ne jouant dans les deux dernières aucun rôle, et dans la première n'ayant qu'une influence tout à fait sans importance.


## CHAPITRE V.

### INFLUENCE DES MODIFICATIONS BRUSQUES DE LA PRESSION.

Jusqu'ici les expériences de compression ou de décompression dont j'ai rendu compte ont été exécutées avec une certaine lenteur ; or les ouvriers qui travaillent sous pression se compriment et se décompriment en quelques secondes, avec une très-imprudente rapidité. Les médecins ont de tout temps reconnu que c'est *au moment de la décompression* que surviennent les accidents souvent fort graves qui les atteignent.

Ces accidents consistent en de vives douleurs locales, des paraplégies, des paralysies plus étendues encore, parfois même une mort, qui peut être soudaine. On a cité une compagnie anglaise qui, dans une seule année, sur vingt-quatre plongeurs, en a perdu dix, dont trois sont morts subitement, et les sept autres après plusieurs mois de paralysie.

Ces phénomènes curieux et redoutables ont reçu, des ingénieurs et des médecins qui les ont observés, les explications les plus variées, et parfois les plus étranges. Mais je n'en connais que deux qui méritent d'être examinées. La première est due à M. le professeur Rameaux, de Strasbourg (voy. Bucquoy, *Thèse de Strasbourg*, 1861).

Dans l'opinion du savant physicien, les accidents seraient dus à ce que les gaz normaux du sang (acide carbonique, oxygène, azote), se dissolvant en quantité plus considérable dans ce liquide sous l'influence des hautes pressions, repassent à l'état gazeux lorsque la pression n'est plus que d'une atmosphère, obstruant ainsi le calibre des vaisseaux sanguins, et faisant courir au patient les mêmes périls qu'une injection d'air dans les veines.

M. Bouchard (*Pathogénie des hémorrhagies*, Paris, 1869) explique autrement ces faits. Lorsque les gaz intestinaux, diminués de volume par l'effet de la pression, et dont le sang, qui tend alors à remplir l'abdomen, a pris la place, viennent à se dilater subitement par l'effet de la décompression, ils chassent brusquement dans la circulation générale ce sang, dont l'irruption soudaine peut produire dans divers organes, et notamment dans les centres nerveux, des apoplexies et des congestions.

Voyons maintenant ce que dit l'expérience directe.

Tout d'abord l'augmentation subite de la pression ne paraît pas exercer d'action notable sur les animaux. Des Moineaux qui passent instantanément de 1 à 10 atmosphères se tiennent un moment cois et immobiles, pour reprendre bientôt leurs allures habituelles.

Mais pour la décompression, il en est tout autrement. Prenons un exemple :

Un Chat très-vigoureux est placé dans un vaste récipient, où la pression est, en une demi-heure environ, portée à 8 atmosphères. A ce moment, on ouvre brusquement un gros robinet, et la pression s'équilibre en quelques minutes avec celle de l'air extérieur. L'appareil étant ouvert, l'animal bondit et s'échappe, sain et sauf en apparence ; mais, après dix minutes environ, il est pris d'une paraplégie complète avec paralysie de la vessie : l'urine contient du sang et des spermatozoïdes. Le lendemain cet état persiste, la paralysie fait des progrès ascendants; on tue l'animal, et l'on trouve la région dorso-lombaire de la moelle épinière ramollie comme de la crème, sans pouvoir y constater, même au microscope, la moindre trace d'épanchement sanguin ou simplement de congestion.

Je le dirai ensuite : la seconde des hypothèses ci-dessus mentionnées doit être, jusqu'à preuve anatomique du contraire, écartée. J'ai bien vu quelquefois, chez des animaux tués par décompression brusque, après un long séjour dans l'air comprimé, l'estomac et les intestins fortement distendus par des gaz, mais je n'ai jamais vu dans les centres nerveux, ni dans d'autres viscères, d'hémorrhagies pouvant expliquer les paralysies ou la mort.

L'hypothèse de M. Rameaux a été confirmée, au contraire, par de nombreuses expériences (1). J'ai vu les gaz se dégager dans le sang, en bulles d'une ténuité extrême, ou se réunir en collections assez considérables pour que, du cœur droit d'un Chat, j'aie pu extraire jusqu'à 33 centimètres cubes de gaz et en faire alors une analyse exacte. Je l'ai trouvé composé d'azote dans des proportions variant de 70 à 90 pour 100 : le reste était constitué par de l'acide carbonique.

Suivant la valeur de la pression à laquelle on a poussé l'animal, suivant la rapidité de la décompression, il arrive que les gaz se dégagent tout à coup en grande quantité, ou qu'il n'en repasse à l'état libre que des bulles plus ou moins nombreuses.

(1) Seulement M. Rameaux croyait à tort que la proportion de *tous les gaz* du sang avait augmenté.

ARTICLE N° 1.

Dans le premier cas, la circulation s'arrêtant, la mort survient à peu près instantanément, après quelques cris et quelques convulsions. On trouve alors le cœur et les vaisseaux, particulièrement le cœur droit et le système veineux, remplis d'une sorte de mousse ; les capillaires sont finement injectés de gaz ; le système porte est envahi comme les autres. Il m'est arrivé de voir périr de la sorte une Chienne pleine ; l'autopsie me montra les placentas déchirés par le gaz, le sang des fœtus mousseux comme celui de leur mère, et des gaz devenus libres dans le liquide allantoïdien, mais non dans l'amnios.

Dans le second cas, les phénomènes varient suivant le lieu de l'organisme où vont s'arrêter les bulles fines du gaz pour y intercepter la circulation. Ce ne sont parfois que des accidents passagers, des troubles locomoteurs qui disparaissent bientôt ; mais très-souvent j'ai observé des paraplégies semblables à celles du Chat dont je viens de retracer l'histoire, ou des paralysies plus générales, ou des accidents cérébraux avec déviation des yeux et apparence de fureur, ou encore la mort subite, auquel cas les vaisseaux du bulbe étaient remplis de gaz.

On comprend qu'entre ces deux cas bien tranchés il s'en place d'intermédiaires, dans lesquels les gaz se dégagent assez abondamment pour qu'on entende dans le cœur droit un bruit de gargouillement très-remarquable, la paralysie étant d'emblée presque générale, mais la mort ne survenant pas immédiatement.

Je n'ai jamais vu des accidents de paralysie ayant duré plus d'une heure guérir consécutivement, bien que les animaux aient parfois survécu près de huit jours : toujours la paralysie suivait une marche ascendante jusqu'à la mort. On trouvait alors, comme je l'ai déjà dit, la moelle épinière ramollie sur divers points, et particulièrement dans la région dorso-lombaire, qui est presque toujours la première envahie. La rapidité de ces ramollissements par arrêt circulatoire est une chose des plus remarquables, et je suis persuadé que la physiologie pathologique pourra trouver dans ces expériences une source d'enseignements précieux.

Lorsque la pression n'a pas dépassé 5 atmosphères, la décompression peut avoir lieu en deux ou trois minutes, sans accidents apparents ; mais, à partir de 6 atmosphères, chez les Chiens, j'ai observé des troubles, qui deviennent constants et toujours fatals au-dessus de 7 atmosphères. Quand on arrive à 10 atmosphères, pression maxima obtenue dans mon appareil, la paralysie et la mort ne peuvent être évitées que par une décompression extrêmement lente : cinq minutes par atmosphère ne sont pas suffisantes pour mettre à l'abri de ces graves accidents. J'ai même vu des paralysies, légères et peu durables, il est vrai, survenir après une décompression dans laquelle on avait mis une heure et demie (dix minutes par atmosphère) pour descendre de 10 atmosphères à la pression normale.

Ces faits ont été observés sur des Chiens, des Chats et des Lapins, avec des résultats sensiblement identiques. On est donc en droit d'appliquer, dans une certaine mesure, les données qui précèdent à l'hygiène des plongeurs à scaphandres et des ouvriers des tubes. On peut dire, par exemple, que, jusqu'à 3 atmosphères environ, la décompression brusque ne présente pas de dangers sérieux, mais ces dangers vont en augmentant très-rapidement à partir de 5 atmosphères. Si les plongeurs qui ne dépassent pas 40 mètres peuvent être le plus souvent ramenés sans accident à la surface, la rapidité avec laquelle on les retire *à la brasse* les exposerait à une mort certaine, s'ils avaient pu atteindre des fonds de 70 à 80 mètres.

Dans l'état actuel, les plongeurs ne dépassent guère 40 mètres, une salutaire terreur sur les effets de la décompression les empêche d'aller plus profondément. D'autre part, lorsqu'ils veulent descendre, ils éprouvent, paraît-il, un malaise qu'il faut sans aucun doute rapporter à l'action de l'oxygène s'introduisant en trop forte proportion dans le sang ; je reviendrai au prochain chapitre sur ces faits.

Les gaz qui repassent à l'état libre contiennent, comme je viens de le dire, de 70 à 90 pour 100 d'azote, le reste en acide carbonique. La présence de l'azote n'a rien d'extraordinaire. Les chiffres rapportés à la page 95 montrent que la proportion d'azote dans le sang arrive à dépasser de beaucoup la capacité de dissolution à la pression normale ; il doit donc nécessairement revenir à l'état libre quand la pression diminue.

C'est ce qui m'arrivait lorsque j'extrayais le sang d'animaux sous pression ; les gaz se dégageaient dans la seringue, et cela ne laissait pas que de diminuer un peu l'exactitude des analyses.

La présence de l'acide carbonique est plus difficile à expliquer, puisque ce gaz n'augmente pas dans le sang sous l'influence de l'air comprimé ; au contraire (voy. page 61, graphique VIII). Il faut évidemment faire intervenir ici l'espèce de brassage qui s'opère dans le sang par le dégagement des bullettes d'azote. Elles entraînent avec elles une certaine quantité de $CO_2$, comme fait un courant d'air qui barbotte dans du sang.

C'est un fait très-curieux que ce lieu d'élection pour les paralysies, par l'arrêt des bulles de gaz dans le renflement dorso-lombaire de la moelle épinière ; je ne saurais en donner d'explication satisfaisante. Mais j'ai vu maintes fois les bulles de gaz arrêtées, soit dans l'épaisseur de la moelle, soit dans les vaisseaux de la pie-mère ; on les y retrouve encore quelquefois le lende-main, séparées par de petits index de sang qui ont évidemment empêché par leur adhérence capillaire la circulation de se rétablir.

J'ai dit plus haut que je n'avais jamais trouvé d'hémorrhagies dans les viscères ni dans les centres nerveux ; mais l'influence nulle de la décompression, en tant que phénomène physique, sur la mort, est prouvée d'une manière générale par les nombreuses expériences dans lesquelles, après avoir extrait les gaz du sang de Chien portés à 7, 8, 9 atmosphères de pression, mais respirant de l'air très-suroxygéné, je les décomprimais d'un coup, sans encombre. Ils n'avaient pas de gaz libres, parce qu'il n'y avait que peu d'azote dans leur air, et leurs accidents étaient exclusivement dus à l'action toxique de l'oxygène.

Le danger de la décompression brusque varie suivant les espèces animales, et même d'une façon souvent très-remarquable, dans une même espèce, suivant les individus. Ainsi, pour les Moineaux, la mort subite ne survient guère avant 11 atmosphères ;

pour les Lapins et les Chats, la limite est d'environ 9 atmosphères; pour les Chiens, elle oscille entre 7 et 8. Il semble que le danger soit d'autant plus redoutable que l'espèce atteint une plus grande taille ; or, chez l'Homme, on a constaté des accidents mortels dès 5 atmosphères.

Chez les Chiens, la règle est que la paraplégie survient vers 7 atmosphères, et la mort vers 7 1/2. Il y a cependant des exceptions, et la plus remarquable m'a été fournie par une Chienne qui a supporté, sans accidents sérieux, des décompressions brusques partant de 7 1/2, 8 et même 8 1/2 atmosphères (1).

Je me suis attaché à rechercher l'explication de ces étranges inégalités. J'ai constaté d'abord que le sang artériel d'un Chien qui respire de l'air à la pression normale est presque saturé d'azote, à la même pression. Aussi, en recueillant avec soin, sous le mercure, le sang de Chiens soumis à des pressions croissantes, j'ai vu les bulles de gaz commencer à apparaître aux environs de 3 atmosphères. Cependant les accidents ne se manifestent que vers 7 atmosphères. Il y a donc, entre 3 et 7 atmosphères, une période dans laquelle le sang des Chiens décomprimés doit contenir des gaz libres en bulles extrêmement fines, sans que les animaux paraissent en souffrir. Il n'en est pas moins vrai qu'ils sont, dans cette période, sous la menace imminente de dangers plus ou moins graves ; et, si mes expériences avaient été plus nombreuses, je ne mets pas en doute que certains accidents ne se fussent manifestés à des pressions relativement basses. C'est ce qu'on voit chez les plongeurs et les ouvriers des tubes, dont quelques-uns sont paralysés ou même tués par des décom-

(1) Cette Chienne a été depuis l'occasion d'une observation fort intéressante. Lors des expériences ci-dessus rapportées (faites en janvier et février), elle était fort maigre et un peu maladive. Je la fis soigner d'une manière particulière, et, le 3 juin, elle était très-grasse et bien portante. On la comprima alors à 8 atmosphères, et, décomprimée aussitôt, elle mourut en une demi-heure, avec du gaz dans tout le système veineux, de l'emphysème sous les aisselles, et de très-petites bulles d'air dans tout le pannicule graisseux intra-musculaire, l'épiploon, le médiastin, le tissu graisseux du canal médullaire,

Ainsi le même animal, mais dans des conditions différentes, est mort par une décompression moindre que celle qu'il avait antérieurement supportée sans encombre. Ce fait est fort intéressant quand on le rapproche de la pratique des ouvriers des tubes.

ARTICLE N° 1.

pressions qui n'incommodent pas sérieusement les autres, dont certains succombent un jour à des décompressions qu'ils avaient déjà impunément subies. Dans cette période, il suffit que les bulles se collectent d'une façon particulière, sous l'influence de circonstances secondaires, pour que les accidents surviennent.

Je ne me tenais cependant pas pour satisfait de ces explications, et m'efforçais de serrer de plus près ce problème complexe, lorsqu'il m'arriva un accident instructif, mais qui m'obligea d'interrompre pour un certain temps mes travaux.

J'avais placé un Chien sous une pression de 10 atmosphères, qui, après une heure de séjour, n'était plus que 9 1/2 environ, lorsque l'une des plaques de verre par laquelle je venais d'examiner l'animal, bien portant à ce moment, se brisa avec une forte explosion ; l'appareil fut arraché de ses supports et projeté par un violent recul.

Je n'ai pas besoin de dire que l'animal fut instantanément tué ; ses vaisseaux étaient, comme à l'habitude, remplis de gaz ; mais pour la première fois je trouvai des gaz dans la cavité du ventre, qui en était gonflé, avec un emphysème général du tissu cellulaire sous-cutané et intra-musculaire. Ainsi les gaz qui doivent redevenir libres peuvent s'emmagasiner non-seulement dans le sang, mais dans les autres sucs de l'économie; si je ne les avais pas vus jusqu'ici, c'est que la décompression n'avait pas été suffisamment brusque, ou que les animaux n'étaient pas restés assez longtemps sous pression, ou très-probablement aussi, parce que je n'avais pas examiné d'assez près la présence de bulles très-fines de gaz dans le tissu cellulaire (1). Dans tous les cas, les horribles démangeaisons que les ouvriers des tubes désignent sous le nom de *puces*, les gonflements musculaires qu'ils appellent *mouton*, me paraissent devoir être rapportés à une légère infiltration gazeuse du tissu cellulaire.

J'ai dû me demander s'il serait possible de trouver quelque moyen de prévenir les accidents de la décompression et d'en conjurer les redoutables conséquences. Bien que mes résultats soient

(1) Voyez la note de la page précédente qui se rapporte à une expérience postérieure à la rédaction de ce mémoire.

encore incomplets, je crois qu'ils présentent déjà une utilité
pratique qui m'impose le devoir de les faire connaître dès aujourd'hui.

Comment prévenir les accidents? Évidemment par une
décompression prudente et mesurée. Lorsqu'on arrive à 9 ou
10 atmosphères, il faut, pour mettre l'animal à l'abri de tout
danger, que la décompression marche avec une lenteur d'au
moins douze minutes par atmosphère. Il m'a semblé trouver
quelque avantage à ne pas décomprimer très-régulièrement,
mais à procéder par chutes brusques de 1 à 2 atmosphères, en
laissant l'animal pendant un certain temps à l'équilibre : on
gagnerait ainsi quelques minutes au total.

Les accidents survenus, la paralysie commençante, la mort
imminente, peut-on conjurer ce formidable danger, et comment?
La première idée qui s'est présentée à moi a été de recomprimer
l'animal, afin de redissoudre les gaz devenus libres ; il aurait
ensuite suffi de le décomprimer plus prudemment. Je crois l'idée
bonne, mais mes appareils ne me permettraient pas de la réaliser : il me faudrait une heure pour remonter à 10 atmosphères, et
l'animal serait mort avant. Je pense cependant qu'il y a là un
procédé utilisable, surtout chez les plongeurs, qu'on peut instantanément redescendre dans les profondeurs de la mer.

Désarmé de ce côté, j'ai dû chercher autre chose. Pourquoi
la mort arrive-t-elle ? Parce que les bulles d'azote s'emmaga-
sinent dans le cœur droit et dans les artères pulmonaires. Elles
restent là, sans se dissoudre, parce que le sang est saturé d'azote ;
sans se diffuser, parce que l'air des alvéoles du poumon contient
plus de 4/5 d'azote ; mais j'étais en droit d'espérer, en faisant
respirer à l'animal un gaz ne contenant pas d'azote, que la diffu-
sion s'opérerait assez vite peut-être pour permettre à la circulation pulmonaire de se rétablir et à l'animal d'échapper au péril.

C'est ce qui est arrivé : j'ai fait respirer de l'oxygène à peu
près pur à des Chiens déjà paralysés complétement, dont le cœur
faisait entendre un bruit très-fort de gargouillement, dont la veine
jugulaire mise à nu se montrait gonflée par le gaz ; j'ai vu très-
rapidement alors les bulles gazeuses de la jugulaire diminuer de

volume, puis disparaître ; les bruits du cœur redevenir normaux, l'animal retrouver une respiration régulière et échapper à la mort qui menaçait de le frapper rapidement.

Cependant celle-ci survenait parfois au bout de plusieurs heures de paralysie ; dans d'autres cas l'animal demeurait paraplégique. L'autopsie me donnait la raison de cette persistance des phénomènes morbides. Dans le système circulatoire général, le gaz libre avait disparu ; mais dans les centres nerveux on voyait les petits vaisseaux pleins de bulles gazeuses, séparées par des index de sang. Il est évident que la circulation locale de ces organes si importants s'était arrêtée, les bulles de gaz n'ayant pu être ramenées dans la circulation générale ; d'où la paralysie et la mort. Une nouvelle compression pourrait les rédissoudre.

Je me sens donc autorisé à conseiller aux armateurs, aux ingénieurs, dont les plongeurs et les ouvriers sont exposés aux accidents signalés, d'employer l'oxygène et de faire respirer ce gaz à leurs hommes, après la décompression, dès qu'un certain malaise viendra faire craindre quelque chose de plus grave. Ils pourraient ensuite, avec plus de tranquillité, essayer de la recompression ; mais la respiration d'oxygène constitue un remède simple, peu coûteux, d'un usage facile, d'une innocuité parfaite, et qui, employé à temps, préviendra, j'en suis persuadé, bien des catastrophes.

J'ajouterai que cette méthode de traitement me paraît devoir s'appliquer avec succès aux accidents dus à l'introduction de l'air dans les veines. J'ai commencé des expériences dans ce sens ; mais ceux qui savent quelles difficultés d'appréciation elles présentent (1) me pardonneront de ne pas risquer de me compromettre par des affirmations prématurées ; en tout cas, les chirurgiens pourraient, à l'occasion, essayer de ce moyen : il a l'avantage d'être complétement inoffensif.

_____

(1) On sait en effet, et j'ai souvent vérifié sur ce point, en élargissant leur cercle, les expériences de Nysten, qu'on peut à volonté, suivant le mode d'injection, tuer un Chien avec 30 centimètres cubes d'air injecté dans les veines, ou le faire survivre à une injection d'un litre d'air. MM. Laborde et Muron ont tout récemment mis encore une fois ce fait en lumière.

Je dois cependant faire observer que, chez les animaux décomprimés avec rapidité après un assez long séjour dans l'air à de
hautes pressions, comme il est arrivé au Chien dans l'appareil
qui a éclaté, on trouve des gaz non-seulement dans le sang,
mais dans les tissus (jusque dans la chambre antérieure de l'œil,
le liquide céphalo-rachidien et dans l'épaisseur de la moelle
épinière elle-même), et qu'il n'y a guère de chances d'une guérison par l'oxygène seul; il faudrait recomprimer rapidement.

J'ai été amené, en considérant ce fait, et en me rappelant que
les ingénieurs, les médecins, les curieux qui ne séjournent pas
très-longtemps dans les tubes à pression, n'éprouvent en sortant
ni *mouton* ni *puces*, à chercher si les emphysèmes sous-cutanés
ou profonds apparaîtraient chez des animaux qui seraient restés
très-longtemps sous des pressions qui jusqu'ici ne m'en avaient
pas montré. Or, c'est ce qui est arrivé : un Chien ayant été
maintenu pendant cinq heures à 7 atmosphères, puis décomprimé
brusquement, mourut comme à l'ordinaire; mais on trouva des
gaz non-seulement dans les vaisseaux, mais aussi dans le tissu de
l'épiploon et dans les mailles du tissu cellulaire sous-cutané de
la région axillaire (1). C'est donc là très-probablement l'origine
des accidents légers des ouvriers et des plongeurs.

J'ajoute qu'un certain nombre d'accidents d'ordres beaucoup
moins importants peuvent contribuer à amener à plus longue
portée certains troubles dans la santé des ouvriers soumis aux
brusques alternatives de compression et de dépression. Telle est
la subite dilatation des gaz intestinaux capable d'occasionner
des douleurs abdominales; tel encore l'état de mousse dans lequel
on trouve les liquides de l'intestin et les mucosités des bronches,
mousse qui peut parfaitement être la cause, à longue échéance,
d'accidents digestifs et respiratoires.

Enfin, la cause de troubles circulatoires indiquée par M. Bouchard, c'est-à-dire la brusque dilatation des gaz intestinaux,
chassant violemment le sang des organes abdominaux et donnant
ainsi tendance à diverses congestions, me paraît très-réelle, bien

____

(1) A côté de ce Chien de grande taille s'en trouvaient deux tout petits et très-jeunes
qui n'ont rien éprouvé.

ARTICLE N° 1.

qu'elle ne puisse aller, comme le croyait son auteur, jusqu'à occasionner des hémorrhagies internes et amener la mort.

Je crois devoir reproduire ici, sous forme de tableaux, la plus grande partie des résultats expérimentaux que j'ai obtenus dans cet ordre de recherches.

TABLEAU X.

Décompression brusque.

| NUMÉROS. | DURÉE de la compression établie. | PRESSION. | DURÉE de la décompression. | ÉTAT DE L'ANIMAL. |
|---|---|---|---|---|
| | | | | **MOINEAUX.** |
| | | atm. | | |
| 1. | 5 min. | 8 | qq. secondes | Pas d'accidents. |
| 2. | 2 min. | 8 | id. | Id. |
| 3. | 2 heures. | 8 | id. | Meurt en dix minutes. Gaz dans le sang. |
| 4. | 1 h. 35 m. | 9 1/2 | id. | Pas d'accidents. |
| 5. | — | 10 | id. | Id. |
| 6. | — | 12 | id. | Meurt presque instantanément. Gaz en abondance. |
| 7. | — | 14 | id. | Meurt en quelques minutes. Gaz en abondance. |
| 8. | — | 14 | id. | Pas d'accidents immédiats. Trouvé mort le lendemain. |
| 9. | — | 15 | id. | Meurt rapidement. Gaz en abondance. |
| 10. | 5 min. | 16 | id. | Meurt en quelques minutes. Gaz; avait un commencement de convulsions par l'oxygène. |
| | | | | **RATS.** |
| 11. | 3/4 d'heure | 4 1/2 | qq. secondes | Pas d'accidents. |
| 12. | 1 h. 1/4 | 6 | id. | Id. |
| 13. | 1 h. 3/4 | 4 1/2 | id. | Id. |

Les expériences suivantes ont été faites dans le grand récipient. Il fallait environ six minutes pour obtenir chaque atmosphère de pression.

| NUMÉROS. | DURÉE de la compression établie. | PRESSION. | DURÉE de la décompression. | ÉTAT DE L'ANIMAL. |
|---|---|---|---|---|
| | | | | **LAPINS.** |
| 14. | qq. min. | 7 | 2 à 3 min. | Pas d'accidents. |
| 15. | id. | 7 | id. | Id. |
| 16. | 5 min. | 8 | id. | Id. |
| 17. | id. | 8 1/8 | id. | Id. |
| 18. | id. | 8 1/8 | id. | Id. |
| | | | | **CHATS.** |
| 19. | 5 min. | 8 | 2 à 3 min. | Paraplégie, meurt en quatre jours; *ramollissement médullaire*. Expérience faite en même temps que l'expérience 16. |
| 20. | 9 min. | 10 | id. | Meurt en quinze minutes. Gaz dans le sang. |
| 21. | 1 h. 10 m. | 10 | id. | Meurt en une demi-heure. Gaz dans le sang et les vaisseaux de la moelle. |

| NUMÉROS. | DURÉE de la compression établie. | PRESSI ON. | DURÉE de la décompression. | ÉTAT DE L'ANIMAL. |
|---|---|---|---|---|
| | | atm. | | CHIENS. |
| 22. | 15 min. | 4 | 2 à 3 min. | Pas d'accidents. |
| 23. | — | 5 | id. | Pas d'accidents. En extrayant à 3 atm. 1/2 le sang artériel sous le mercure, il s'en dégage des gaz. |
| 24. | — | 5 | id. | Pas d'accidents. |
| 25. | 30 min. | 6 | id. | Id. Même animal qu'à l'exp. 24. |
| 26. | 2 heures. | 6 | id. | Id. Même animal qu'aux exp. 24, 25. |
| 27. | — | 6 | id. | Traîne un peu le train postérieur; se remet très-bien. |
| 28. | — | 6 1/2 | 4 min. 1/2 | Pas d'accidents. Pas de gaz dans le sang de la jugulaire. |
| 29. | qq. min. | 7 | 2 min. | Paraplégie, ramoll. médull. Meurt en 7 jours. Même animal qu'aux exp. 24, 25, 26. |
| 30. | 7 min. | 7 | 2 min. | Paraplégie; meurt le lendemain. |
| 31. | 10 min. | 7 | 2 min. 1/2 | Paraplégie. Recomprimé et décomprimé lentement va mieux, mais meurt le soir. On ne trouve pas de gaz dans le sang. Petites tâches hémorrhagiques dans la moelle épinière. |
| 32. | qq. min. | 7 | 2 min. 1/4 | Paralysé, meurt. |
| 33. | id. | 7 1/4 | 1 min. 1/4 | Paralysé, meurt après vingt-cinq minutes. |
| 34. | id. (33 et 34 ensemble). | 7 1/4 | 1 min. 1/4 | Paralysé; respire oxyg., respirations reviennent, gargouillements disparaissent. Reste paralysé, meurt; pas d'air dans les vaisseaux. |
| 35. | qq. min. | 7 1/4 | 2 min. | Meurt en 25 m. Gaz dans cœur droit et gauche. |
| 36. | id. (35 et 36 ensemble). | 7 1/4 | 2 min. | Paralysé, va mourir; respire oxyg. : va mieux, gargouillements disparus; remue, s'agite. Meurt après deux heures; pas de gaz dans les gros vaisseaux. |
| 37. | 15 min. | 7 1/2 | 2 min. | Paralysé, énormément de gaz au cœur; va mourir. On fait respirer oxygène; la respiration revient. Accident; mort. |
| 38. | qq. min. | 7 1/2 | 2 min. | Un peu malade, se remet, un peu paraplégique. |
| 39. | id. (38 et 39 ensemble). | 7 1/2 | 2 min. | Paralysé, gargouillements. Oxygène : les gaz disparaissent, l'animal survit, paraplégique; mourant le 3e jour. Bulles d'air dans les vaisseaux de la moelle épinière. |
| 40. | qq. min. | 7 1/2 | 2 min. | Pas d'accidents. |
| 41. | 6 heures. | 7 1/2 | 3 min. | Bulles de gaz dans tout le sang; emphysème dans le tissu cellulaire de l'aisselle et de l'épiploon. |
| 42. | qq. min. | 7 3/4 | 3 min. | Resp. oxyg. Paralysie commençante rétrograde, mouvement de manége; grande amélioration, mais reste paralysé plusieurs jours. |
| 43. | id. | 8 | 3 ou 4 min. | Meurt rapidement. |
| 44. | id. | 8 | 2 min. | Meurt en un quart d'heure. |
| 45. | id. | 8 1/4 | 3 min. | Resp. d'oxyg. Paraplégie, pas de gaz au cœur; va mieux; meurt dans la nuit. |
| 46. | id. | 8 1/2 | 2 min. 1/2 | Meurt rapidement. Air partout. |
| 47. | id. | 7 1/2 | 2 min. | Animal de l'exp. 40. — Quelques légers troubles locomoteurs. |
| 48. | id. | 8 | 2 min. | Animal des exp. 40 et 47. — Rien. |

ARTICLE N° 1.

| NUMÉROS. | DURÉE de la compression établie. | PRESSION. | DURÉE de la décompression. | ÉTAT DE L'ANIMAL. |
|---|---|---|---|---|
| | | | | CHIENS. |
| | | atm. | | |
| 49. | qq. min. | 8 | 2 min. | Animal des exp. 40, 47, 48. — Rien. Pas de gaz dans le sang. |
| 50. | id. | 8 1/2 | 2 min. | Animal des exp. 40, 47, 48, 49. — Rien. Pas de gaz dans le sang. |
| 51. | id. | 8 1/2 | 3 min. | Animal des 5 expériences précédentes. — Mort rapide (25 min.). Gaz dans toutes les veines, dans veine porte, etc., emphysème (voyez la note de la page 112). |
| 52. | id. | 9 1/4 | 3 min. | Sang tiré à 6 3/4 donnait beaucoup de gaz. Mort après quelques respirat. Gaz partout. Elle est pleine ; gaz dans le sang des fœtus, dans l'allantoïde ; placenta déchiré. |
| 53. | id. | 10 | 3 min. | Extract. 34 cent. cub. de gaz dans cœur droit ($CO_2$, 20,8 ; — Az, 79,2 ; — O, 0,0). — Gaz dans les vaisseaux de la pie-mère. |
| 54. | 1 heure. | 10 | Explosion. | Mort instantanée. Énorme emphysème sous-cutané, sous-musculaire. — Gaz dans le ventre, dans l'épiploon, dans la chambre antérieure de l'œil, dans le liquide céphalo-rachidien, dans la moelle. Pas d'hémorrhagie moelle, cerveau, poumons. Pas de gaz dans le cœur gauche. Cœur droit tout gazeux ($CO_2$, 15,2 ; — Az, 82,8 ; — O, 2,0). |

TABLEAU XI.

Décompression lente et progressive.

| NUMÉROS. | ESPÈCE D'ANIMAL. | PRESSION. | DURÉE de la décompression. | ÉTAT DE L'ANIMAL. |
|---|---|---|---|---|
| | | atm. | | |
| 1. | Chat.......... | 10 | De 10 atm. à 5 en 1 min. ; de 5 à 1, lentement. | Meurt en un jour ; ramollissement de la moelle. |
| 2. | Lapin........ (celui de l'exp. 16, tableau X). | | | Paralysé après 1 heure, vit plus de 3 heures. |
| | | | simultanément. | |
| 3. | Chat.......... | 10 | 2 min. par atm. 20 min. | Meurt en 5 min. — Gaz du cœur, 23cc ($CO_2$, 15,9 ; Az, 84,1). |
| 4. | Chat.......... | | | Retiré mourant. — Gaz du cœur, 33cc ($CO_2$, 17 ; Az, 83). |

| NUMÉROS. | ESPÈCE D'ANIMAL. | PRESSION. | DURÉE de la décompression. | ÉTAT DE L'ANIMAL. |
|---|---|---|---|---|
| 5. 6. | Cochon d'Inde. Chat......... | 10 | simultanément. De 10 à 5 en 1 min., de 5 à 1 en 30 min. | Meurt en 15 min.; gaz dans le système veineux. Aucun accident. |
| 7. | Chien........ | 9 | En 1 heure environ. | Meurt rapidement. |
| 8. | Id........... | 10 | 3 min. par atm. 27 min. | Paraplégie; mort dans la nuit. |
| 9. | Id........... | 10 | 5 min. id. 50 min. | Gargouillement; paralysie progressive. Meurt dans la nuit. |
| 10. | Id........... | 10 | 8 min. id. 1 h. 12 m. | Aucun accident. |
| 11. | Id........... | 10 | 10 min. id. 1 h. 30 m. | Légers accidents; survit. |
| 12. | Id........... | 10 | De 10 à 6 en 1 min. De 6 à 1 en 1 heure. | Légers troubles locomoteurs; guérit. Animal des exp. 24, 25, 26, 29 (tableau X). Celle-ci a été faite avant 24. |
| 13. | Id........... | 10 | De 10 à 7 1/2, 8 m. par atm.; de 7 1/2 à 6 1/4, 15 min. par atm.; de 6 1/4 à 4 1/2, 9 min. par atm.; de 4 1/2 à 1, 3 min. par atm. En tout une heure. | Complétement paralysé; gargouillements au cœur. Meurt en 20 min. Gaz dans tout le sang. |
| 14. | Id........... | 10 | Brusquement de 10 à 8; de 8 à 6; de 6 à 4; de 4 à 2; de 2 à 1. A chaque stade, 15 m. d'arrêt. — En tout 1 h. 10 min. | Sort librement de l'appareil; bientôt crie, troubles locomoteurs. Guérit et survit. |
| 15. | Id........... | 10 | De 10 à 6 en 2 minutes; laissé 30 min. à 6. De 6 à 3 en 2 minutes; laissé 45 min. à 3. De 3 à 1 environ 15 m. En tout environ 1 h. 30. | Aucun accident. |

Il n'est pas sans intérêt d'ajouter que des Anguilles placées depuis deux jours, à 10 atmosphères d'air (dans l'eau) et décomprimées soudain, sont également mortes, par suite du même mécanisme; on voyait leur cœur battre, tout gonflé d'air, pendant plusieurs heures. Si donc l'eau de la mer tenait en dissolution d'autant plus d'azote qu'elle serait à de plus grandes profondeurs, les Poissons ne pourraient, sans danger de mort immédiate, passer d'une certaine couche à une couche notablement supérieure.

L'observation de la vessie natatoire, chez les Anguilles ou les Cyprins, a fourni un résultat intéressant. Quand on comprime l'air au-dessus de l'eau où nagent ces Poissons, ils vont au fond comme des *ludions*. Si l'on décomprime peu après, ils ne présentent rien de particulier. Mais, les laisse-t-on un jour sous pression, quand on décomprime, on voit que leur vessie natatoire est surgonflée par des gaz de nouvelle production. Il serait facile de voir si ces gaz sécrétés tout naturellement sont, comme ceux qu'obtenait M. Moreau après ses piqûres de la vessie natatoire, plus riches en oxygène que les gaz normaux; il faudrait alors étudier l'influence de la composition chimique des diverses atmosphères soumises à la pression. On se rappelle que, suivant Biot, il y aurait d'autant plus d'oxygène dans le gaz de la vessie natatoire, que le Poisson habiterait dans de plus grandes profondeurs.

## CHAPITRE VI.

### INFLUENCE DE LA PRESSION ET DE LA DÉPRESSION SUR LES VÉGÉTAUX.

GERMINATION. — J'ai commencé cette étude, dont je donne ici très-brièvement les principaux résultats, par la germination, dont les phénomènes chimiques se rapprochent beaucoup de ceux de la vie animale.

J'ai employé dans mes expériences plusieurs espèces de graines : celles d'Orge, de Blé, de Belle-de-nuit (albumen farineux); celles de Ricin (albumen huileux); celles de Melon, de Cresson ou de Radis (sans albumen). Voici les conclusions auxquelles j'ai été conduit :

1° *Diminution de pression.*—La germination se fait d'autant plus lentement que la pression est moindre; le nombre des réussites dans un même semis diminue aussi avec la pression.

*Exemple.* — 17 juin, semé sur terre bien humide 90 grains d'Orge dans trois terrines semblables et placées ensuite : *a*, sous cloche de 2 litres, à la pression normale; *b*, sous cloche de 10 litres, à 50 centimètres de pression; *c*, sous cloche de 13 litres, à 25 centimètres de pression. Les cloches sont maintenues bien closes; l'air y est saturé d'humidité.

Le 22 juin, il a poussé : dans *a*, 76 brins, mesurant 10 centimètres de longueur en moyenne, et qui, séparés de la graine, puis desséchés à 100 degrés, pèsent chacun $0^{gr},0088$ ; dans *b*, 36 brins, mesurant 8 centimètres, moins verts que ceux de *a*, pesant chacun $0^{gr},0071$ ; dans *c*, 25 brins, mesurant 5 centimètres, encore moins verts que ceux de *b*, pesant chacun $0^{gr},0062$.

La limite inférieure de germination est pour l'Orge de 6 à 8 centimètres ; pour le Cresson, elle est d'environ 12 centimètres.

Les graines qui sont restées, à une pression plus faible, sans germer, ne sont pas mortes, et germent quand on les ramène à l'air.

Ici se pose naturellement la question de savoir si c'est à la dépression barométrique elle-même ou à la faible tension du seul oxygène qu'il convient de rapporter ces troubles dans la germination. C'est la question que je me suis déjà posée pour les animaux, où des conditions secondaires avaient induit en erreur les observateurs et les médecins qui m'avaient précédé dans cette étude. Il m'a été facile d'y répondre. En effet :

A. Des germinations dans un air pauvre en oxygène, mais à la pression normale, se font moins vite que dans l'air ordinaire, ainsi qu'on le sait depuis Huber et Senebier.

B. Des germinations sous basse pression, mais dans de l'air suroxygéné, se font aussi vite que dans l'air normal, à la pression normale.

*Exemple.* — 4 novembre, semis d'Orge dans trois cloches : *a*, air à la pression normale ; *b*, air à 15 centimètres de pression ; *c*, air contenant 70 pour 100 d'oxygène, à 20 centimètres de pression. La germination se manifeste en *a* et *c* le 7 et le 8 novembre, en *b* le 11. Le 25 novembre, les grains de *a* sont tous poussés vigoureux et mesurent 12 centimètres ; ceux de *c*, de même ; en *b*, il y a seulement trois grains germés, à feuilles minces et peu vertes.

C. La germination peut se faire à la pression de 4 centimètres, à la condition d'employer une atmosphère suroxygénée.

ARTICLE N° 1.

D. La limite inférieure de germination, trouvée par Huber et Senebier, dans l'air peu oxygéné, correspond à peu près à celle que je viens d'indiquer pour la pression atmosphérique. La germination, disent-ils, cesse quand il n'y a qu'environ 1/7° d'oxygène (graines de Laitue). Or, le 1/7° de 76 centimètres est 11 centimètres, tension minima pour les graines de Cresson.

Ainsi, la germination se fait moins vite dans l'air dilaté, et cela tient à la trop faible tension de l'oxygène.

2° *Augmentation de pression.* — Elle paraît être légèrement favorable à la germination et aux premiers développements des graines de Graminées jusqu'à 2 et peut-être 3 atmosphères ; au delà son action est manifestement nuisible. A 5 atmosphères, la germination est déjà singulièrement ralentie ; à 10 atmosphères, il ne sort plus que quelques radicules ; à 12, rien du tout.

Les graines de Ricin, de Melon, de Soleil, de Belle-de-nuit, de Cresson ou de Radis, ne poussent pas non plus à 10 atmosphères d'air.

Si l'on ramène à la pression ordinaire, au bout de quelques jours, les graines d'Orge et celles des premières plantes ci-dessus énumérées qui ont été semées à 10 atmosphères, elles ne germent plus, elles sont mortes ; celles de Radis ou de Cresson, après quelques jours d'exposition à l'air, recommencent au contraire à germer.

Cette action de la pression est due à la trop forte tension de l'oxygène ; on obtient en effet les mêmes résultats à la pression normale avec des atmosphères suroxygénées. On voit ainsi qu'à la pression barométrique normale, la germination de l'Orge paraît favorisée par une suroxygénation de l'air allant jusqu'à 30 à 50 pour 100, mais qu'au delà elle est ralentie ; vers 80 ou 90 pour 100, correspondant à 4 et 4 1/2 atmosphères, le doute n'est plus possible, et les graines, surtout celles des Graminées, se développent infiniment moins bien que dans l'air ordinaire.

Ces résultats sont confirmatifs des faits publiés, il y a bien longtemps, par Huber et Senebier, et que la plupart des physiologistes avaient révoqués en doute.

Si l'on emploie de l'air suroxygéné sous pression, on voit

que, par exemple, 3 atmosphères de pression d'un air riche à 80 pour 100 d'oxygène (ce qui équivaut à $\frac{3 \times 80}{20,9}$ = environ 12 atmosphères d'air), la germination ne se fait plus, les graines étant tuées, comme il vient d'être dit. En sens inverse, si l'on opère la compression avec de l'air très-pauvre en oxygène, en telle sorte que la tension finale de ce gaz ne dépasse pas celle de l'air ordinaire à 2 ou 3 atmosphères de pression, la germination se fait régulièrement.

La germination du Cresson et du Radis est beaucoup moins impressionnée par la richesse en oxygène à la pression normale : à 3 atmosphères d'air suroxygéné, elle ne se fait pas ; mais les graines ne sont pas mortes, il faut aller plus haut pour les tuer.

Si l'on examine comparativement les altérations de l'air comprimé et celles de l'air à la pression normale dans des vases clos où ont été faits, des semis, on trouve que dans l'air comprimé la consommation d'oxygène a été beaucoup moindre qu'à la pression normale.

Ainsi, dans un cas, en quatre jours, des grains d'Orge semés : a, dans l'air ; b, dans une atmosphère suroxygénée à $2^{atm},5$, correspondant en tension à 11 atmosphères d'air, et où aucune germination n'avait eu lieu, sans que pour cela les grains soient déjà morts, avaient consommé, pour 10 grammes de grains : a, 225 centimètres cubes d'oxygène ; b, 136 centimètres cubes.

Ici donc, comme pour les animaux, nous en arrivons à cette conclusion, que la trop grande tension de l'oxygène ralentit les oxydations.

*Acide carbonique.* — Dans ces expériences avec l'air comprimé, il faut avoir la plus grande attention à changer très-fréquemment l'air des récipients, à cause de l'influence fâcheuse qu'exerce l'acide carbonique qui se forme par la germination et dont la tension est augmentée par la pression.

Quand cette tension arrive à être exprimée par 20 ou 25, la germination ne se fait pas ; mais les graines ne sont pas mortes pour cela, et elles germent en revenant à l'air libre ou à la pression normale. Sous une plus haute pression, de 70 à 80, l'acide carbonique tue les graines sur lesquelles même il ne se développe aucune moisissure.

*En résumé :* 1° La trop faible tension d'oxygène asphyxie les graines comme les animaux ; mais elle ne tue pas les graines et les empêche seulement de se développer.

2° La trop forte tension d'oxygène ralentit, puis arrête la germination, et enfin tue les graines qui ne germent plus quand on les ramène à l'air libre : les Crucifères sont sous ce rapport moins sensibles que les Graminées. Cette action correspond à une diminution dans la consommation de l'oxygène, sous l'influence de l'air comprimé.

3° L'acide carbonique, quand sa tension augmente, ralentit, puis arrête la germination et finit même par tuer les graines quand sa tension est suffisamment élevée.

Il résulte de ceci que c'est encore une hypothèse gratuite que de supposer les plantes des premiers âges géologiques en présence d'une atmosphère très-chargée d'acide carbonique, qu'elles auraient épurée graduellement ; tout au moins, cette richesse en $CO^2$ de l'air ne devait pas être très-élevée.

VÉGÉTATION. — Je n'ai fait d'expériences qu'avec des Sensitives : ces plantes remarquables non-seulement par les phénomènes de mouvement qu'elles présentent, mais par leur impressionnabilité aux circonstances extérieures, qui en fait comme une sorte de réactif habile à montrer les avantages ou les dangers des conditions dans lesquelles on les place. J'ai vu que, à la pression de 25 centimètres, elles meurent en une journée environ ; qu'à celle de 50, elles deviennent dans le même temps assez gravement malades. Avec 60 centimètres, elles continuent à se porter assez bien. Mais, comme je devais m'y attendre, à 25 centimètres de pression, dans de l'air très-oxygéné, elles vivent parfaitement bien.

Quant à la compression, celle de 6 atmosphères d'air les a tuées en vingt-quatre heures dans une de mes expériences ; à 3 atmosphères, elles vivaient encore et étaient fort bien portantes au bout de quatre jours.

Il en est donc, en somme, de la végétation comme de la germination, et comme des phénomènes de la vie animale.

## CHAPITRE VII.

### CONSÉQUENCES GÉNÉRALES ET APPLICATIONS PRATIQUES.

Les conséquences générales des expériences qui précèdent
pourraient être résumées dans cette formule bien simple : *Les
modifications dans la pression barométrique n'ont d'influence sur
la vie animale et sur la vie végétale que par les changements
qu'elles apportent dans la tension de l'oxygène ambiant, et les
changements qui en résultent dans les processus chimiques de
la nutrition.*

Quant aux applications pratiques, elles découlent de cette
formule générale, et se peuvent exprimer ainsi : *Combattre l'influence des modifications dans la pression, quand elles sont
fâcheuses, par des modifications inverses dans la composition
chimique de l'air, de telle sorte que la tension de l'oxygène ambiant reste à sa valeur normale* (20,9).

J'ai, comme on le voit, laissé de côté, dans ces formules, la
question des modifications brusques de la pression, et celle de
l'air confiné ; j'y reviendrai plus loin. Pour le moment, je me
propose de passer en revue, en leur faisant l'application précise
des formules ci-dessus et de leurs conséquences, les circonstances
diverses dans lesquelles l'Homme est exposé à ces modifications
de la pression barométrique, circonstances que j'ai énumérées
dans le premier chapitre de ce travail.

### § 1.

#### Diminution de pression.

A. *Les aéronautes.* — Prenons le cas le plus simple, celui
de l'aéronaute qui, *sans faire aucun effort*, est emporté par son
ballon.

ARTICLE N° 1.

A mesure qu'il s'élève et que la pression diminue, son sang s'appauvrit en oxygène, comme le montrent les expériences qui précèdent : diminution bien faible d'abord, mais dont cependant mes analyses m'ont permis de démontrer l'existence dès que la pression n'est plus que de 56 centimètres. Ici même, la perte en oxygène ne saurait avoir une influence immédiate bien saisissable; la différence est de l'ordre de celles que l'on constate entre individus également bien portants, de l'ordre de celles qu'entraînent chez un même individu les changements légers dans le rhythme respiratoire, les états divers d'activité ou de repos, de digestion ou d'abstinence. L'aéronaute n'en peut rien sentir.

S'il s'élève davantage, l'appauvrissement en oxygène augmente : à 2000 mètres, il était en moyenne de 13 pour 100 ; à 3000, il devient de 21 pour 100 ; à 6500, de 43 pour 100 ; à 8800 mètres (25 centimètres de pression), hauteur à laquelle Glaisher, dans son ascension célèbre, tomba inanimé au fond de sa nacelle, cet aéronaute intrépide devait avoir perdu au moins la moitié de l'oxygène de son sang. Mes animaux, à 17 centimètres de pression, en avaient perdu 65 pour 100 : leur sang artériel n'en contenait plus que 7 volumes au lieu de 20, moins que du sang veineux qui sort d'un muscle en contraction. C'est un pareil sang qui, dans les artères, est, dans ces conditions, chargé de nourrir, d'animer les muscles, la moelle, les organes sensoriaux, le cerveau ! On se rappelle, en présence de ces faits, la célèbre expérience de Bichat sur l'influence du sang noir injecté dans les centres nerveux.

Les conséquences d'un pareil état de choses ne peuvent manquer d'être graves. Au début, la respiration s'accélère pour arriver à compenser ce qui manque en oxygène, et nous avons vu que 3 ou 4 volumes de ce gaz peuvent être ainsi introduits en plus ; les mouvements du cœur s'accélèrent également, et de ces troubles circulatoires résultent des accidents variés (palpitations, bourdonnements, hémorrhagies) que signalent les auteurs. Le sang noircit, et la face, devenue bleuâtre (Glaisher), ressemble à celle des asphyxiés. La pression du cœur ne baisse pas tout d'abord ; mais quand la dépression barométrique atteint ses limites extrêmes, le muscle cardiaque, comme les muscles respiratoires contraints eux aussi au travail, et insuffisamment nourris par l'oxygène du sang artériel, se fatigue, sa pression diminue, ses mouvements se ralentissent, et la mort est imminente.

D'autre part, les phénomènes nutritifs sont singulièrement ralentis par l'insuffisance des oxydations, et le signe le plus remarquable en est l'abaissement considérable de la température. Je l'ai constaté chez mes animaux en expérience, alors que la température de l'air était tout à fait moyenne ; mais il est bien évident que le froid auquel sont soumis généralement les aéronautes dans les régions élevées doit agir dans le même sens, et mes expériences prouvent que dans l'air froid, la résistance à la dépression est moindre qu'à la température moyenne.

En même temps que la quantité d'oxygène, celle de $CO^2$ diminue dans le sang, bien que dans une proportion moins rapide. Je ne saurais, quant à moi, attacher une grande importance à ce fait. Rien de plus variable que la quantité de $CO^2$ qu'on trouve dans le sang artériel. Entre deux Chiens nourris de même et bien portants, je l'ai vue varier de 30 à 50 volumes; chez le même animal, elle change suivant les moindres influences de nourriture, d'agitation, etc., plus qu'entre les pressions de 76 centimètres et de 46 centimètres. Si donc il est possible que cette modification dans la richesse en $CO^2$ puisse avoir à la longue quelque influence sur les populations qui vivent sous une dépression habituelle, je crois pouvoir affirmer qu'elle n'est pour rien dans les accidents éprouvés par les aéronautes.

Peut-être même faudrait-il lui attribuer une certaine influence favorable, comme le pense M. Jourdanet. On devrait faire la même observation pour les autres substances gazeuses, connues ou inconnues, qui existent à l'état dissous dans le sang, surtout chez les habitants des villes, et qui doivent en sortir assez rapidement par le fait de la décompression.

Quoi qu'il en soit du rôle qu'on lui attribue, cette diminution de l'acide carbonique du sang est pour une forte part la conséquence de la diminution de l'oxygène lui-même. Je l'ai établi par

des expériences qui montrent bien nettement que les variations de
l'acide carbonique, comme au reste tous les autres accidents de la
décompression, apparaissent chez les animaux auxquels, à la
pression barométrique normale, on fait respirer de l'air pauvre en
oxygène. Si bien que l'aéronaute, dans sa course ascensionnelle,
est exactement dans les mêmes conditions que si, sans changer la
pression, on le forçait à respirer un air où la proportion d'oxygène
irait toujours en diminuant. L'animal enfermé dans une cloche
sous courant d'air graduellement raréfié présente, à tous les points
de vue, les mêmes phénomènes que l'animal qui respire dans
une enceinte fermée, épuisant graduellement l'oxygène de l'air,
lorsqu'on lui en enlève l'acide carbonique au fur et à mesure
qu'il le produit. La comparaison s'établit en rapprochant la
pression barométrique variable de la richesse oxygénée variable
par les équivalences suivantes : $\frac{76^{c}}{2}$ valent $\frac{20,9}{2}$ d'oxygène ;
$\frac{76}{3}$ valent $\frac{20,9}{3}$, etc.

Ainsi, la limite inférieure mortelle pour les Oiseaux, même
pour ceux de haut vol, est, d'après mes expériences, d'environ
15 centimètres ; pour les Chiens, elle est de 8 à 10 centimètres.
Or, dans l'air confiné, dans l'asphyxie vraie, à la pression
normale, ces animaux laissent de 3 à 4 (Oiseaux) pour 100
d'oxygène dans l'air, ou de 2 à 3 (Chiens). Ces tensions, ces
chiffres concordent parfaitement, comme le montre la proportion $76 : 9 : : 20, 9 : x = 2,5$.

Donc, la mort par diminution de pression est une simple
asphyxie, et les troubles qui la précèdent sont identiques, dans
leur cause et leur symptomatologie, aux troubles asphyxiques.

Une conséquence pratique assez intéressante résulte de cette
constatation et des faits expérimentaux rapportés dans le présent travail. C'est qu'on peut éviter ou plutôt retarder ces troubles, et la mort qui les suit, en respirant sous la même dépression
non de l'air ordinaire, mais un air suroxygéné, de façon à ra-
mener la tension de l'oxygène à un degré supportable. Les expériences ont montré que l'on peut ainsi gagner assez aisément

10 centimètres de pression, la mort des Oiseaux, dans l'oxygène, n'arrivant guère qu'à 5 ou 6 centimètres.

Si donc les aéronautes qu'arrête dans leur course verticale non la force ascensionnelle du ballon, mais la possibilité de vivre, veulent monter plus haut qu'ils ne l'ont fait jusqu'ici, ils le pourront aisément en emportant avec eux un réservoir, un petit ballon, plein d'oxygène, qu'ils se mettront à respirer aussitôt que surviendront les troubles généraux. Ils pourront sans doute, eux aussi, gagner 10 centimètres de dépression, ce qui, à ces niveaux élevés, correspond à une hauteur de plusieurs kilomètres. Rien de plus simple que d'imaginer un système d'ajutages, de soupapes et de flacons laveurs à potasse, qui permettrait d'utiliser jusqu'au dernier litre de l'oxygène emporté. Un ballon contenant 300 litres d'oxygène pur, que l'aéronaute inspirerait simplement (rejetant l'expiration au dehors), suffirait à entretenir sa vie pendant au moins une demi-heure, car il suffirait de faire dans le sac une inspiration sur deux ou trois, excepté aux très-grandes hauteurs.

Je n'ai attribué, on le voit, aucun rôle à la décompression en tant qu'agent physico-mécanique. Je serais cependant porté à croire que, lorsqu'elle est très-soudaine, la dilatation des gaz intestinaux peut être pour quelque chose dans le malaise. Cependant il est constant que, si rapide que soit la marche ascensionnelle du ballon, les aéronautes n'éprouvent presque rien jusqu'à 4000 mètres. La dilatation ne fait donc pas grand'chose.

Il serait possible qu'aux dépressions extrêmes, chez les Mammifères, l'appareil respiratoire soit mécaniquement impressionné pour la raison suivante. Les poumons sont doués d'une rétractilité élastique qui, après l'expiration, correspond, suivant Carson, chez les Veaux et les Chiens, à 30 à 40 centimètres d'eau; mais quand le poumon est insufflé, cette rétractilité vaut un peu plus du double. Or, quand un animal fait une inspiration, si les poumons suivent la paroi thoracique, cela tient à ce que la pression atmosphérique les maintient, et qu'il faudrait, au niveau du sol, pour faire le vide dans la plèvre, triompher d'une résistance de 76 centimètres de mercure. Mais si la pression de l'air est réduite à un chiffre inférieur à celui qui exprime la rétractilité pulmonaire, le poumon restera recroquevillé sur lui-même, malgré l'inspiration, et il se fera un vide dans la cavité de la plèvre. C'est probablement ce qui est arrivé aux Chiens dont j'ai parlé page 77, et dont les poumons étaient carnifiés : une petite déchirure avait suffi pour réintroduire de l'air dans la cavité pleurale.

Sans aller jusque-là, on comprend qu'aux très-basses pressions, la tendance au retour du poumon sur lui-même, moins énergiquement combattue par la pression, soit une cause de difficultés respiratoires qui amène les congestions et les hémorrhagies. Mais il suffit de quelques centimètres de mercure en excès, pour maintenir appliqués l'un sur l'autre les deux feuillets pleuraux.

B. *Voyageurs en montagnes.* — Le voyageur qui gravit le flanc d'une montagne diffère de l'aéronaute par la dépense de force qu'il fait pour s'élever.

Cette force, il est obligé de la tirer des transformations chimiques de ses tissus, et, en définitive, de l'oxygène de son sang.

Aussi n'est-il pas étonnant de voir que le *mal des montagnes* arrive à des niveaux notablement moins élevés que le malaise des aéronautes; il est généralement assez intense à 4000 mètres (45 centimètres de pression); presque tout le monde l'éprouve au sommet du Mont-Blanc (4800 mètres; 41 centimètres de pression). Ce n'est qu'au prix des plus vives souffrances que Boussingault a pu atteindre sur le Chimboraço la hauteur de 6000 mètres (36 centimètres), et que les frères Schlagintweit sont arrivés sur l'Ibi-Gamin à 7400 mètres (30 centimètres) : encore ces courageux voyageurs étaient-ils déjà acclimatés par un assez long séjour sur les hauts lieux.

Les faits présentés dans mes expériences par les Oiseaux qui, pour s'être agités, sont menacés de mort par une décompression qui rend à peine malade leur voisin plus tranquille; l'impossibilité pour eux de se mouvoir, à partir d'une certaine dépression; — et, chez les voyageurs, la lassitude extrême, la nécessité de s'arrêter presque à chaque pas, l'amélioration qui suit le repos, surtout le repos horizontal, tout cela s'explique parfaitement d'après la connaissance que nous avons de la pauvreté du sang en oxygène sur les grandes hauteurs.

Mais disons-le tout d'abord, il faut éliminer complétement l'explication donnée par Gavarret, acceptée par Leroy de Méricourt, par G. Sée, etc., et basée sur une sorte de saturation du sang par l'acide carbonique produit en excès (voy. page 12). Bien loin qu'il en soit ainsi, mes analyses n'ont montré que, même chez les animaux mal attachés sur leur cadre, et qui, se remuant sans cesse, contractaient fortement leurs muscles, que toujours, en un mot, l'acide carbonique diminue, bien loin d'augmenter. Sans doute, le calcul de Gavarret est exact, et un homme qui a gravi 2000 mètres de hauteur a dû, pour suffire à ce travail, fabriquer 65 litres de $CO^2$ en sus des 22 qu'il forme par heure pour l'entretien de sa propre température, et Gavarret aurait pu ajouter que ce chiffre est encore augmenté par l'influence du froid des hauteurs.

Mais comment ce savant physicien n'a-t-il pas vu que, d'après sa théorie, il suffirait de monter à plusieurs reprises sur une colline de quelques centaines de mètres de hauteur pour avoir le *mal des montagnes;* car ce mal frappe les voyageurs à la descente presque aussi durement qu'à la montée? Comment n'a-t-il pas vu qu'on monte impunément de Chamounix aux Grands-Mulets (2000 mètres de différence), tandis que du Grand-Plateau au sommet du Mont-Blanc (1900 mètres) les troubles deviennent très-rapidement insupportables pour la plupart des voyageurs? Ici, après un repos qui a ramené le calme parce que, selon M. Gavarret, le $CO^2$ en excès a pu s'éliminer du sang, il suffit de monter un peu rapidement 50 mètres pour être obligé de s'arrêter. Y aurait-il donc plus de $CO^2$ produit pour grimper 50 mètres sur le Mont-Blanc que pour grimper sur la butte Montmartre, où jamais, que je sache, on n'eut le *mal des montagnes?* Mais il serait oiseux de discuter davantage en présence du résultat formel des expériences. Et si j'ai autant insisté, ce n'est pas pour rendre plus évidente l'erreur d'un maître que je respecte, mais pour montrer combien la question dont je m'occupe ici présentait d'obscurités, même pour les hommes les plus autorisés.

Revenons donc à notre voyageur. A mesure qu'il monte, son sang devient plus pauvre en oxygène : c'est peu de chose d'abord, et il en a toujours assez à sa disposition pour produire les efforts nécessaires à sa marche ascensionnelle ; seulement sa respiration, ses mouvements cardiaques s'accélérant plus qu'ils ne feraient en présence d'efforts semblables, mais avec une richesse moyenne d'oxygène, compensent ainsi un peu l'effet de la dépression.

Mais, lorsqu'il est arrivé à une certaine hauteur, la faible provision d'oxygène contenue dans son sang artériel ne lui suffit plus, ou du moins ne lui suffit pas longtemps. On sait que, entre le sang artériel qui entre dans un muscle et le sang veineux qui en sort pendant la contraction, il y a une différence d'environ 12 volumes d'oxygène (Cl. Bernard) : de 20, par exemple, la proportion d'oxygène tombe à 8. Supposons donc un cas extrême ; plaçons notre voyageur à une telle hauteur, qu'il n'ait plus que 10 à 12 volumes d'oxygène dans le sang artériel : chez les Chiens, cela arrive aux environs de 38 centimètres, correspondant à 5500 mètres. Dans ces conditions, il ne peut évidemment trouver dans son sang artériel la quantité d'oxygène nécessaire pour entretenir son travail musculaire : la première contraction d'ensemble aura tout épuisé ; le sang qui reviendra au cœur droit sera presque absolument dépouillé d'oxygène, et les échanges respiratoires ne ramèneront dans le sang artériel qu'une quantité d'oxygène moindre encore que celle qui s'y trouvait après la phase de repos. Si donc il a pu faire un petit effort, il est forcé de s'arrêter aussitôt, sous peine d'asphyxier : aussi s'arrête-t-il, et le sang veineux qui sort des muscles en repos, contenant encore une assez notable quantité d'oxygène, peut aller dans les poumons en prendre une quantité qui fera remonter suffisamment la proportion centésimale. Nouvel effort possible alors, suivi bientôt de nouvel arrêt.

C'est ce qui est arrivé à tous les voyageurs parvenus aux limites supérieures de leur ascension ; c'est ce qui est arrivé

à Glaisher l'aéronaute, par 8500 mètres, lorsque, sentant tout
à coup son bras paralysé, il voulut se soulever sur son siége :
soudain il retomba, inerte, aveugle et presque aussitôt sans
connaissance. Il avait, par ce dernier effort, emprunté à son
sang artériel, déjà si extraordinairement appauvri, presque tout
son oxygène, et l'asphyxie l'avait aussitôt frappé !

A de moindres élévations, les mêmes phénomènes se produisent, avec une intensité moindre et des conséquences moins
redoutables. L'écart moyen de 12 volumes d'oxygène doit de
toute nécessité se conserver entre le sang artériel et le sang
veineux du muscle en contraction, puisqu'il représente la force
dépensée, qui est la même partout ; il en résulte que les organes
sont baignés par un sang dont la pauvreté en oxygène ne peut
être sans action sur leur nutrition intime.

Celle-ci se ralentit alors, et la température s'abaisse. J'ai
obtenu ce refroidissement, je le rappelle, dans l'air à la température normale, sans que l'animal fît aucun effort, par le seul
effet de la décompression. Mais il est bien évident que lorsque
l'organisme est contraint de lutter contre une température aussi
basse que celle que rencontrent les aéronautes et les voyageurs
alpestres, il y a là une aggravation des causes refroidissantes, que
vient encore compliquer la dépense de travail nécessitée par
l'élévation du poids du corps.

C'est évidemment cette nécessité de lutter contre le froid,
cause nouvelle de consommation d'oxygène, cause nouvelle
d'appauvrissement du sang, qui explique, pourquoi dans nos
Alpes glaciales, le mal des montagnes frappe la plupart des
voyageurs à des hauteurs qui sont dans les Cordillères tout
à fait inoffensives : ici la limite des neiges perpétuelles est par
4800 mètres ; là, par 2700 seulement. Il faut, dans les Alpes,
pourvoir au réchauffement du corps en même temps qu'aux
efforts musculaires de la marche.

Les voyageurs ont tous remarqué qu'il existe, entre les divers
individus, des différences considérables relativement au malaise
éprouvé. C'est ce que j'ai constaté, du reste, dans mes expériences sur des animaux de même espèce et aussi semblables

que possible. L'analyse des gaz du sang artériel nous montre des inégalités tout à fait de même ordre, et qui sont certainement la cause prochaine de ces différences. Ainsi, à 36 centimètres de pression, un de mes Chiens (n° 10) avait perdu 55,6 pour 100 de l'oxygène de son sang ; un autre (n° 11) n'en ayant perdu que 36,1 (tabl. VIII, col. 13, p. 55) : ils étaient cependant arrivés à peu près au même chiffre (8,5 et 8,9 ; col. 7). Un autre de mes Chiens a fait preuve (exp. 2, 5, 19), au début de la décompression, d'une résistance très-remarquable : à 56 centimètres, il n'avait perdu que 3,2 pour 100 de son oxygène ; à 46, que 5,5, conservant la proportion élevée de 20,3 ; mais à 22 centimètres, il est retombé dans la moyenne, perdant 50 pour 100 de son oxygène, et n'en ayant plus que 10,7 volumes dans le sang artériel.

L'inspection attentive du tableau de la page 55, montre, sous ce rapport beaucoup d'inégalités intéressantes ; mais on ne saurait y trouver les raisons de ces inégalités. Ni la vigueur des animaux, ni la richesse primitive de leur sang en oxygène, ne sauraient servir d'explication constante. Mais ces différences peuvent s'expliquer, ce me semble, par le raisonnement suivant :

J'ai montré que le sang artériel, à la pression barométrique normale, n'est jamais saturé de l'oxygène qu'il peut dissoudre ; des variations dépendant du rhythme respiratoire et de maintes autres conditions ont été constatées après moi par plusieurs expérimentateurs (Gréhant, Mathieu et Urbain) ; généralement il manque à la saturation, pour 100 volumes de sang, de 3 à 7 volumes d'oxygène, et une respiration très-active peut arriver à recouvrer cet oxygène manquant (voyez l'expérience rapportée à la page 47). Lors donc que, la pression s'abaissant, l'air, plus léger, apporte au poumon et au sang, dans le même temps, une quantité moindre d'oxygène, il y aura une grande différence dans la quantité de ce gaz qui sera absorbée, suivant que la respiration aura conservé son type premier ou se sera accélérée. Or, si, d'une manière générale, la rapidité de la respiration augmente quand la pression diminue, les graphiques des pages 70 et 71 sont là pour prouver qu'il y a de nombreuses exceptions à cette loi, surtout quand l'expérience dure longtemps.

Si donc, au fur et à mesure que la pression baisse, l'animal augmente dans une progression inverse le nombre de ses respirations et aussi la rapidité de ses mouvements cardiaques, la richesse du sang en oxygène ne diminue que très-lentement. Si, au contraire, il conserve un rhythme voisin de celui qu'il possédait d'abord, l'oxygène diminuera plus rapidement dans son sang. Enfin, aux basses pressions, la diminution est fatale, car, à demi-atmosphère par exemple, il serait impossible de doubler le nombre de ses respirations en leur conservant l'amplitude primitive.

Une autre différence fort remarquée aussi, est celle qui distingue les guides ou les voyageurs habitués aux ascensions d'avec les voyageurs *accidentels*. Ici l'explication est facile. L'habitude de marcher en montagnes, comme toutes les gymnastiques, enseigne à ne mettre en jeu que les muscles dont l'action est vraiment nécessaire ; les novices, au contraire, à propos d'un mouvement, contractent maints muscles qui n'ont rien à faire avec lui. Quoi d'étonnant que, dépensant inutilement leur réserve d'oxygène déjà si restreinte, ils éprouvent des malaises au moment où de plus sages économes ne souffrent pas encore?

Il y a en outre une habitude, une accoutumance qui se prend sur place et assez rapidement. J'ai vu souvent mes animaux, devenus très-malades par une dépression rapide, s'habituer en quelque sorte à cet état, et reprendre un aspect tranquille. Des faits semblables ont été constatés par beaucoup de voyageurs. Les frères Schlagintweit, d'abord fort impressionnés par des hauteurs de 5000 à 6000 mètres, en étaient arrivés, après plusieurs jours, à supporter sans grands malaises une hauteur de 6300 mètres. Ils étaient devenus des habitants réguliers des hauts lieux (voyez plus loin).

Les troubles du mal des montagnes disparaissent très-vite quand on descend des hauteurs ; très-vite aussi, je l'ai vu souvent dans mes expériences, la proportion normale de l'oxygène reparaît dans le sang. Cela est absolument en série.

Ce qui n'est pas moins en série, c'est la coïncidence remarquable que nous fournissent les faits observés dans les ascensions en montagnes avec le seul fait connu dans lequel des hommes aient été soumis à un air pauvre en oxygène, sans intervention d'acide carbonique. Ce dernier fait a été observé, comme je l'ai déjà dit (page 79), par M. F. Leblanc dans les mines pyriteuses de Huelgoat, en Bretagne. Dans des galeries où l'air ne contenait plus que 10 pour 100 d'oxygène, et où il était entré sans transition, il a ressenti des vertiges et des défaillances. Or, la tension de l'oxygène correspondait alors à peu près à celle de l'air à 5700 mètres de hauteur, là où certes le mal de montagnes frapperait avec une grande violence celui qui s'y exposerait brusquement.

C. *Habitants des hauts lieux.* — On compte des millions d'hommes vivant au niveau et au-dessus de 2000 mètres, au Mexique et dans l'Amérique méridionale; les grandes villes de la Cordillère sont situées par 2500 et 3000 mètres; Daba, au Tibet, est par 5000 mètres environ.

Les expériences qui précèdent prouvent que, à moins de supposer dans le sang des habitants de ces pays une quantité d'hémoglobine plus grande que dans le sang des habitants de la plaine, ceux-ci ont à leur disposition plus d'oxygène que ceux-là.

Or, rien ne permettant jusqu'ici d'admettre cette hypothèse, la conclusion est que les habitants des hauts lieux sont, suivant l'expression du docteur Jourdanet, *anoxyhémiques*, anémiques par manque non de globules, mais d'oxygène.

Il n'est pas sans intérêt de faire remarquer en outre que bien évidemment ces habitants des régions élevées ne peuvent point, imitant les aéronautes ou les animaux de mes expériences, compenser par une accélération respiratoire l'influence de la moindre quantité d'oxygène qui circule dans leurs poumons pendant un temps donné; ils s'épuiseraient à cette gymnastique.

On conçoit bien que des individus dont le sang artériel contient ainsi 10 à 15 pour 100 d'oxygène en moins finissent par présenter une série de troubles physiologiques qui leur imprime un caractère particulier, et pour ce qui est des maladies, une constitution médicale particulière. Mais on comprend aussi que les dépenses de l'organisme se réglant avec plus d'économie,

certains montagnards puissent arriver à tirer de la quantité
moindre d'oxygène qu'ils ont à leur disposition un parti aussi
utile que le peuvent faire les habitants des bords de la mer. Ils
sont, par rapport à ceux-ci, dans la même situation que les
paysans robustes à qui une faible quantité d'aliments permet
d'exécuter un travail considérable, qui imposerait au citadin la
nécessité d'une nourriture beaucoup plus réparatrice. Il me
paraît certain que, chez l'homme oisif et aisé, il se fait un dégagement chimique de forces de beaucoup supérieur à ce dont
il a besoin pour l'accomplissement de ses divers travaux mécaniques et la conservation de son équilibre thermique ; le reste se
perd en chaleur, en évaporation, etc. On conçoit, je le répète,
qu'il puisse y avoir quelque chose d'analogue au point de vue de
l'oxygène, et cette double considération permet de mettre d'accord des observateurs qui, comme M. le docteur Jourdanet, ont
reconnu chez les habitants des hauts lieux tout un appareil phy-
siologo-pathologique relevant de l'anémie, avec ceux qui, comme
M. Boussingault, font remarquer l'étonnante vigueur des habitants de Quito, et rappellent les combats livrés dans les Andes
par 4000 mètres de hauteur.

La diminution en proportion du $CO^2$ du sang, si faible
qu'elle soit, ne peut laisser d'être sans intérêt pendant la
durée d'une vie entière. A composition chimique semblable,
le sang sera un peu plus alcalin sur les hauteurs que dans
la plaine près de la mer. D'autre part, le $CO^2$ étant, comme
je l'ai montré, un obstacle aux combustions intra-organiques, sa
diminution peut activer celles-ci, et l'on conçoit qu'il en résulte
une énergie particulière, en présence même d'une moindre
quantité d'oxygène dans le sang. C'est, du reste, ce qu'avait
déjà dit M. Jourdanet pour le séjour prolongé sur les faibles
hauteurs.

Mais ces faits et ces considérations sortent du domaine des
expériences physiologiques, des expériences de laboratoire,
dans l'exposé et la discussion desquelles je tiens essentiellement
à me renfermer. Je m'arrête donc, non sans faire remarquer
que, malgré les attaques dont elle a été l'objet, la théorie de

M. Jourdanet sur la diminution de l'oxygène du sang dans l'air
déprimé est absolument démontrée par les faits expérimentaux.

§ 2.

Augmentation de pression.

Dans l'étude des phénomènes et souvent des accidents que présentent les ouvriers soumis à une même augmentation de pression de 2 à 5 atmosphères, les médecins ont continuellement confondu ce qui appartient à la *compression* avec ce qui appartient à la *décompression*.

La compression a pour effet d'augmenter dans le sang la proportion de l'azote, ce qui est probablement sans importance, et aussi la proportion de l'oxygène, ce qui est plus grave; l'acide carbonique n'est par elle nullement influencé au début.

J'ai montré comment l'introduction de l'oxygène en excès, lorsqu'elle arrive à une certaine dose, est l'occasion d'accidents redoutables, de convulsions qui, à une dose plus élevée encore, se terminent par la mort. Je rappelle que la dose mortelle n'équivaut pas au double de la proportion qui existe normalement dans le sang artériel.

L'action de l'oxygène se porte sur le système nerveux et rappelle celle des poisons convulsivants. Cette influence sur le système nerveux central est la conséquence d'un trouble profond dans les actes chimiques de la nutrition, et tout semble démontrer, comme je l'ai assez longuement établi, que les oxydations intra-organiques sont enrayées par l'excès d'oxygène. Il y aurait là quelque chose qui rappelle de loin la combustion du phosphore s'arrêtant dans l'air comprimé.

Les accidents convulsifs apparaissent chez les Mammifères, dans des cas rares, il est vrai, dès la pression de 10 atmosphères d'air. Or, des ouvriers ont travaillé à 5 atmosphères. Il est donc permis de supposer que l'oxygène, à une dose si voisine de la dose convulsive, doit être à la longue la cause, chez eux, de troubles plus ou moins importants. Je crois, notamment, que c'est à lui qu'il convient de rapporter les phénomènes anémiques et dyspeptiques, et l'espèce de cachexie que présentent après un certaintemps les ouvriers des tubes.

C'est à lui que je n'hésite pas à rapporter également les améliorations dans certains états pathologiques qui ont été constatés chez les ouvriers des tubes, et dont la thérapeutique par l'air comprimé a fait un si utile usage. Les ouvriers atteints de certaines inflammations de la muqueuse respiratoire voient leur état, soudain, amélioré par l'entrée dans les tubes, et l'on n'a pas craint, à l'encontre de la physique, d'expliquer ce mieux-être par un écrasement de la muqueuse, d'où résulterait un ralentissement de la circulation dans les parties enflammées. J'ai insisté déjà sur cette erreur dans le chapitre préliminaire de ce travail.

Pour moi, après avoir vu de très-hautes doses d'oxygène produire des effets aussi violents, je ne m'étonne pas que des doses beaucoup plus faibles aient sur l'organisme une action de cette valeur. Les doses mortelles m'ont paru, entre autres symptômes, supprimer la sécrétion urinaire et augmenter les sécrétions buccales; elles diminuent considérablement les phénomènes calorigéniques. Rien d'étonnant, je le répète, que de moindres doses arrêtent les phénomènes inflammatoires.

Ce que je reproche surtout aux médecins qui ont observé les ouvriers des tubes, c'est d'avoir fait la confusion dont je parle en tête de ce paragraphe. Quand ils auront, en s'appliquant à ce sujet, éliminé les effets de la décompression brusque dont je me suis assez longuement occupé au chapitre V pour n'y plus revenir (voy. page 106), leurs observations constitueront précisément la base de la description des effets de l'oxygène à doses trop élevées.

Mon rôle, à moi physiologiste, se bornait, après avoir constaté le premier cette étrange action de l'oxygène, à en analyser les effets dans leurs manifestations violentes. J'ai étudié l'oxygène-poison comme nous étudions la strychnine, le curare, etc... Mais les phénomènes produits par de faibles doses, pendant des temps prolongés, sans sortir du domaine de la physiologie, rentrent dans la sphère d'action du médecin et de l'hygiéniste : ils échappent à nos laboratoires, et l'on ne peut guère les observer

que sur l'homme. On doit ici s'attendre à des constatations inat-
tendues : qui aurait pu deviner, en voyant un animal mourir som-
nolent et convulsivé sous l'influence de hautes doses de morphine,
que cette substance, à faible dose, arrêterait les flux intestinaux?
La région physiologique exploitée par le vivisecteur en son laboratoire est nécessairement autre que celle où observe et expéri-
mente le médecin dans l'atelier ou l'hôpital. Je n'insiste donc
pas pour tenter d'expliquer des problèmes qui ne sont même pas
nettement posés.

Il est cependant un point sur lequel je dois faire quelques
réflexions : quand l'oxygène diminue notablement dans le sang,
les combustions se ralentissent et la température s'abaisse ; quand
il augmente considérablement, le même effet semble se produire.
Mais ici se pose naturellement la question : A quel moment, sous
quelle pression, avec quelle dose d'oxygène se produit le maximum d'effet utile, et arrive le dégagement de calorique, soit à
son maximum absolu, soit à son meilleur mode d'emploi? Où
est, pour ainsi dire, le sommet de la courbe du bien-être qui va
toujours en montant, d'un côté depuis les très-basses, de l'autre
depuis les très-hautes pressions ?

Évidemment ce maximum correspond aux environs de la
pression normale. Mais, pour les divers individus, on conçoit
qu'il puisse se trouver un peu au delà ou en deçà, en raison
de la complication des conditions présentées par les divers
organismes, conditions que la physiologie est encore impuis-
sante à démêler. De là vient sans doute l'identité de l'action thérapeutique opérée par des moyens diamétralement inverses : telle
l'amélioration des asthmatiques et des emphysémateux d'une
part dans les cloches à air comprimé, d'autre part sur les hauts
plateaux mexicains ; telle la guérison des anémies par un air
légèrement comprimé (10 centimètres en plus), ou par le séjour
dans nos petites montagnes d'Auvergne et du Jura (10 centimètres en moins).

En outre, ce maximum d'action utile correspond sans doute,
pour la majorité des hommes bien portants, aux conditions de
tension oxygénée dans lesquelles ils se trouvent placés depuis

longtemps ; mais on conçoit que chez certains individus ce maximum puisse se déplacer à la suite d'un assez long séjour dans des conditions différentes de tension oxygénée, tandis que chez d'autres il ne le puisse pas : les premiers s'acclimatent, comme on dit, les autres non. Ici les mots vagues de tempérament, de constitution, de races, d'aptitudes, reprennent tout leur empire. Mais ici finit en même temps le rôle de la physiologie. Il lui suffit d'avoir indiqué comme possible et compréhensible que certains habitants des plaines puissent ou ne puissent pas s'acclimater sur la montagne, et que certains montagnards puissent ou ne puissent pas s'acclimater sous la pression maximum des bords de la mer : sans parler, bien entendu, des changements thermométriques, hygrométriques, électriques, etc., auxquels dans ces déplacements verticaux ils seront exposés.

Quelques médecins m'ont objecté que mon explication purement chimique des effets de l'air comprimé n'est pas en rapport avec ce que l'on a observé en faisant respirer l'oxygène, soit à des malades, soit à des hommes bien portants. Je n'entrerai pas dans la discussion de détail ; mais je demande comment on peut comparer l'influence de la respiration d'oxygène pur, correspondant à 5 atmosphères de pression, pendant quelques minutes, avec la respiration d'un air légèrement comprimé pendant plusieurs heures ; il faudrait, pour établir une comparaison, faire respirer pendant ce temps de l'air contenant de 25 à 50 pour 100 d'oxygène.

Enfin, avant de quitter ce sujet, je veux indiquer une application pratique qui pourrait avoir une grande importance dans certaines industries. Lorsque les plongeurs à scaphandre veulent descendre au delà de 50 mètres, ils éprouvent des douleurs de poitrine qui les arrêtent (Denayrouze, communication verbale) ; les ouvriers des tubes, quand on a tenté de dépasser 5 atmosphères, ont éprouvé les mêmes sensations. Celles-ci sont dues incontestablement à l'action de l'oxygène en excès ; je rappelle qu'à 10 atmosphères j'ai vu des Chiens et des Lapins mourir avec des convulsions.

Rien de plus simple que de parer à cet inconvénient ; il suffira

d'injecter, en faisant la pression, de l'air, assez pauvre en oxygène, pour que la tension de ce gaz ne dépasse pas beaucoup 21. Les dispositions mécaniques qu'il faudrait prendre ne
paraissent pas devoir présenter de bien grandes difficultés,
excepté peut-être pour les plongeurs à scaphandre, qui changent incessamment de pression. Quant au gaz avec lequel il
conviendrait de diluer l'air, on pourrait choisir entre l'azote et
l'hydrogène, qui se préparent aujourd'hui à assez bon marché :
pour l'hydrogène, par la décomposition de l'eau (appareil Gif-
fard); pour l'azote, par la décomposition de l'air (appareil Tessié
du Motay, renversé). Je n'ai pas qualité pour aller plus loin
dans la solution pratique de ce problème ; il me suffit de l'avoir
posé et théoriquement résolu.

Mais si l'on réalise ce que j'indique, si l'on envoie les plongeurs par 80 ou 100 mètres, c'est alors qu'il faudra s'entourer,
dans la décompression, de précautions minutieuses. Je ne puis
pas évaluer à moins de douze minutes par 10 mètres le temps
qu'il faudra mettre pour remonter à la surface : deux heures pour
100 mètres. Peut-être même ce temps ne sera-t-il pas suffisant,
car c'est l'azote du sang qui constitue le danger, et un air à
10 atmosphères, qui devra en contenir 98 pour 100, en cédera
évidemment plus au sang que l'air normal. Mais ce n'est ici
qu'une difficulté secondaire, pour triompher de laquelle il suffira
de prudence et de patience.

Je crois devoir terminer ce travail par l'indication succincte
de quelques questions physiologiques plus ou moins directement
en rapport avec mon sujet et sur lesquelles mes expériences
ont jeté quelque lumière.

## QUESTIONS DIVERSES.

Je rappelle d'abord que l'intervention d'une chaleur élevée
dans l'extraction des gaz du sang m'a permis d'obtenir en
moyenne un peu plus d'oxygène et notablement plus de $CO^2$ que
ne l'ont fait jusqu'ici les auteurs; j'arrive à ce résultat que les
acides ne dégagent ensuite presque plus d'acide carbonique.

A. — Le défaut d'oxydation sous l'influence d'une moindre tension d'oxygène n'a rien qui puisse surprendre ; mais il en est autrement pour l'influence d'une tension exagérée. Si je n'ai pas complétement et absolument prouvé qu'elle diminue les oxydations, au moins ai-je montré qu'elle abaisse la température. Le fait curieux que la germination est par elle entravée, que les graines sont tuées, est de nature à éclairer, le mécanisme chimique de cette action paradoxale de l'oxygène. Je me dispose à faire, dans ces conditions nouvelles, des expériences de fermentation avec les ferments qui empruntent l'oxygène de l'air, persuadé, comme MM. Cl. Bernard, Pasteur, Robin, que la fixation de l'oxygène sur les globules, que les oxydations intra-organiques, sont tout à fait de l'ordre des fermentations. La mort des animaux sans globules sanguins, la mort des graines, montrent la généralité de l'influence d'un excès d'oxygène.

B. — Les nombreuses analyses des gaz du sang que j'ai faites m'ont montré, entre des animaux d'apparence identique, de très-notables différences, quant à la quantité d'oxygène contenue dans un même volume de sang. Des différences semblables doivent exister entre les hommes. Elles sont probablement dues pour la plupart à une différence dans la quantité des globules du sang ; mais il se peut que les globules sanguins ne contiennent pas toujours la même quantité d'hémoglobine, ou encore que l'hémoglobine soit chargée d'oxygène à différents degrés.

J'indiquerai ici ce fait que, chez les tout jeunes Chiens bien portants, le sang artériel ne contient que 8 à 10 volumes d'oxygène : les jeunes animaux sont donc anémiques par qualité et par quantité.

C. — D'après Fernet, le sang absorbe 47 volumes de $CO_2$ pour 100 volumes de sang à l'état combiné. Or, j'ai montré que, par suite de la rapidité extrême de la respiration avec la trachée ouverte, ce chiffre peut être abaissé des trois quarts. D'autre part, l'agitation du sang avec l'air, *in vitro*, ne peut faire sortir qu'une faible quantité de $CO_2$. Ces faits devront être étudiés de près par ceux qui croient à l'existence dans le poumon de substances jouant le rôle d'acide, et aidant au dégagement de l'acide carbonique par la destruction des bicarbonates et des phospho-carbonates. Évidemment, l'accélération des mouvements respiratoires et celle de la circulation qui l'accompagne ont pour résultat de rendre plus parfaite l'agitation du sang avec l'air des alvéoles, qu'une ventilation plus énergique a dépouillé de la plus grande partie de son acide carbonique. Il s'ensuit une dissociation des bicarbonates, qui ne peut plus étonner personne depuis les travaux de MM. H. Rose et H. Sainte-Claire Deville.

D. — Quand l'acide carbonique augmente en tension dans l'air extérieur, sa proportion augmente dans le sang suivant une marche qui ne s'éloigne pas beaucoup de la loi de Dalton (graphique XVI, page 97). La limite de saturation paraît être d'environ 130 volumes, ce que j'ai obtenu directement. Cette limite doit dépendre, bien entendu, de la quantité d'acide carbonique que sont capables de fixer les carbonates et les phosphates alcalins du sang, dont la proportion varie avec les animaux.

Il résulte pour moi, de mes nombreuses analyses, la presque certitude que la respiration normale, régulière, ne fait qu'enlever au sang veineux de l'acide carbonique dissous : la proportion qui reste dans le sang artériel représentant presque uniquement l'acide carbonique combiné. Mais quand la respiration se fait dans des conditions extraordinaires, il arrive tantôt que les combinaisons de l'acide carbonique sont dissociées, comme il vient d'être dit plus haut, tantôt au contraire qu'il reste dans le sang artériel plus ou moins d'acide carbonique dissous.

E. — Les variations des proportions de $CO_2$ dans le sang d'un individu à un autre et, chez le même individu, dans des circonstances physiologiques différentes, sont de beaucoup supérieures à celles que peut occasionner le séjour dans des lieux confinés (théâtres, etc.) où la proportion de $CO_2$ dans l'air atteint 2 ou 3 centièmes. C'est à la diminution de l'oxygène dans l'air, puis dans le sang, qu'il faut surtout attribuer les troubles qui surviennent alors, sans parler des émanations sur lesquelles M. Gavarret a si justement appelé l'attention.

F. — Il résulte de mes expériences qu'en plusieurs circonstances l'absorption d'oxygène n'a pas pour conséquence immédiate la fabrication et la sortie de $CO^2$, ce qui prouve une série d'intermédiaires dans laquelle peut s'arrêter transitoirement le travail d'oxydation.

Mais je dois ajouter que, dans du sang confiné en vases clos, l'oxygène consommé est remplacé par une quantité identique de $CO^2$ produit. De plus, si on laisse dans le vide du sang dont les gaz ont été extraits, je n'y ai plus vu se former, même jusqu'à la décomposition, de nouvel acide carbonique. Les oxydations en voie de développement s'arrêtent donc lorsqu'elles ne sont plus, en quelque sorte, poussées par une sorte de *vis à tergo* par l'oxygène libre du sang.

Ces résultats sont contraires à ce qu'on enseigne généralement.

G. — La coloration rouge du sang est, d'une manière générale, en rapport direct avec sa richesse en oxygène. La présence de l'acide carbonique n'y fait absolument rien ; du sang contenant à la fois 20 volumes d'oxygène et 100 volumes de $CO^2$ est parfaitement vermeil.

Mais j'ai vu dans quelques cas du sang très-rouge être moins riche en oxygène que du sang notablement plus violet. Cela tient à ce que, ce qui est rouge, c'est la combinaison de l'oxyhémoglobine, d'autant plus rouge en effet qu'elle contient plus d'oxygène. Si donc on suppose deux sangs, l'un très-riche en hémoglobine, l'autre moins, et contenant tous les deux la même quantité d'oxygène, le second sera plus rutilant que le premier. C'est ainsi qu'il m'est arrivé, après une copieuse saignée, de trouver un sang plus rouge ou aussi rouge qu'avant, bien que notablement moins riche en oxygène ; seulement, la teinte était plus claire, parce que le sang était moins chargé en globules.

H. — J'ai, à plusieurs reprises, signalé l'inexactitude de la théorie qui fait jouer à l'acide carbonique du sang un rôle dans la production des convulsions qui accompagnent le plus souvent l'asphyxie ou l'hémorrhagie, des contractions de l'intestin après la mort, etc. Tout cela, nous l'avons vu, est dû à la diminution de l'oxygène du sang. Mes expériences montrent en même temps la fausseté de certaines théories qui ont cours sur la cause des mouvements rhythmiques de la respiration. Il est bien évident que l'acide carbonique n'y est pour rien, puisque chez les animaux sous dépression, où ce gaz est en faible proportion dans le sang, la respiration est aussi rapide, sinon plus, qu'à la pression normale. Inversement, lorsque sa proportion augmente notablement, celle de l'oxygène restant fixe, les mouvements respiratoires, comme les mouvements généraux, se ralentissent de plus en plus. C'est donc à la pauvreté en oxygène du sang qui se rend à la moelle allongée qu'il faut attribuer l'excitation qui détermine les mouvements respiratoires.

I. — J'ai montré que la présence d'une grande quantité de $CO_2$ dans l'air et même dans le sang n'empêche pas l'absorption de l'oxygène, contrairement à ce qui avait été enseigné. En revanche, j'ai fait voir que cet acide carbonique avait pour effet d'enrayer les combustions intra-organiques, et cela chez les végétaux comme chez les animaux.

K. — Les faits que j'ai indiqués pour l'oxygène, le $CO_2$, l'Az, leur augmentation dans le sang sous pression, leur diminution sous dépression, se vérifient pour toutes les substances gazeuses ou volatiles.

C'est ainsi que, sous pression, les moindres quantités d'éther suffisent pour insensibiliser les animaux. Il résulte de ceci que les ouvriers des tubes doivent être extrêmement sensibles aux moindres traces (en composition centésimale) de gaz méphitiques qui peuvent se trouver dans l'air qu'ils respirent. Or, les lampes fumeuses qu'ils emportent doivent y déverser des produits de distillation, et surtout de l'oxyde de carbone, dont l'action, à la longue, peut être redoutable. Il en est de même du $CO_2$ formé par les lampes et par les ouvriers eux-mêmes, que Bucquoy a rencontré dans les tubes du pont de Kehl, à la proportion considérable de 2 à 3 pour 100, des gaz odorants qui s'échappent de leurs corps, des vapeurs alcooliques, etc.

Je ne saurais trop insister sur ceci que, pour produire un effet fâcheux, à 3 atmosphères, par exemple, il suffit que ces substances soient en proportion dans l'air au tiers des quantités reconnues dangereuses à la pression normale. Il y a sans doute là (malgré la ventilation active qu'on entretient) une cause assez importante de troubles dans la santé des ouvriers, cause qui est encore venue jeter la confusion dans une question déjà bien complexe.

Il résulte en outre de ceci que la thérapeutique pourra essayer de tirer parti de l'introduction en forte proportion, par la voie de l'air comprimé, de certaines substances volatiles essayées jusqu'ici seulement sous la pression ordinaire. Mais il doit me suffire de cette indication.

Je ne dirai aussi qu'un mot de l'emploi utile qui pourra être fait de l'air comprimé pour combattre les empoisonnements par la vapeur de charbon, et certains accidents asphyxiques chroniques, comme ceux des égoutiers, des blanchisseuses, des cuisiniers, où les globules chargés d'une certaine quantité de HS, de CO, etc., n'absorbent plus la proportion normale d'oxygène. Il y a là, en un mot, toute une série d'applications médicales faciles à deviner.

L. — Inversement, la dépression doit sans doute une partie de son action à la soustraction plus rapide, hors du sang, de certaines substances volatiles qui s'y introduisent dans nos conditions respiratoires ordinaires, au sein des villes surtout, substances auxquelles il serait beaucoup plus sage de donner une part dans la production des anémies des villes, que de l'attribuer à une augmentation de $CO^2$ ou à une diminution d'oxygène, qu'aucun chimiste n'a jamais pu nettement constater.

Les cloches à air déprimé, comme celles à air comprimé, devraient donc faire partie du matériel thérapeutique de nos grands hôpitaux. Il serait fort curieux de rechercher l'influence qu'auraient sur les fièvres et les inflammations des décompressions assez fortes pour diminuer d'un cinquième, d'un quart, la quantité d'oxygène contenue dans le sang, et abaisser d'un ou deux degrés la température du corps, ou, en sens inverse, des pressions de 2 ou 3 atmosphères qui produiraient un effet analogue. C'est toute une étude à faire, qui incombe aux médecins ; mais je doute qu'ils puissent avoir en main une médication *altérante* plus active.

M. — A ce point de vue, la respiration d'air chargé d'une certaine quantité de $CO_2$ mérite de fixer de nouveau l'attention ; elle aurait pour effet certain de combattre l'activité trop grande des combustions organiques et de tendre à abaisser la température. C'est dans cette direction que devraient être repris des essais faits un peu à tort et à travers à la fin du siècle dernier, et de nos jours par certains médecins attachés aux sources minérales riches en acide carbonique.

J'ai dit plus haut l'emploi qu'on pouvait en outre tenter d'en faire comme anesthésique.

N. — J'ai fait quelques expériences sur les phénomènes que présentent des animaux auxquels on fait respirer de l'air plus ou moins comprimé que celui dans lequel leur corps est plongé.

Or, j'ai vu que, lorsque l'air du poumon est comprimé à 6 ou 7 centimètres de mercure, les Chiens meurent immédiatement. La circulation du sang s'arrête dans les poumons, comme l'a montré il y a quelque temps M. Gréhant.

Si, en sens inverse, on exerce la compression sur l'ensemble du corps, le poumon étant à la pression normale, il faut arriver à dépasser 50 centimètres de compression pour tuer l'animal, qui meurt alors d'asphyxie, parce qu'il ne peut plus soulever le poids énorme qui l'empêche de respirer en écrasant son thorax. La force qu'il déploie pour faire, avec un excès de pression extérieure de 38 centimètres, des inspirations (assez faibles), est très-extraordinaire, puisqu'elle correspond à environ une livre par chaque centimètre carré de sa surface thoracique.

A l'asphyxie vient se joindre chez ces animaux, comme cause de mort, l'engouement des poumons, qui se gorgent de sang et sont même le siége d'hémorrhagies.

Ces faits sont intéressants à connaître pour l'hygiène des plongeurs : la mort d'un certain nombre de ces malheureux doit sans doute être rapportée à l'emploi d'appareils défectueux, qui n'équilibraient pas exactement la pression de l'air du scaphandre avec celle de l'eau où leur corps était plongé. On voit que l'excès de la pression de l'air est beaucoup plus à redouter que sa diminution : une augmentation correspondante à un mètre d'eau mettra la vie du plongeur en danger.

O. — J'indiquerai enfin en quelques mots les rapports de mes expériences avec les conditions générales de la vie sur le globe.

1° En dehors de la considération de la température, il y a, pour les animaux et les végétaux, sur les hautes montagnes, une limite infranchissable. Cette limite varie sans aucun doute avec les espèces, et la distribution géographique suivant les altitudes trouve là une de ses causes.

2° Il existerait, et à de faibles profondeurs, une limite semblable, dans les eaux de la mer, si elles tenaient en dissolution l'oxygène et l'azote, suivant la loi de Dalton. Une source d'air jaillissant du fond de la mer tuerait tout ce qu'elle rencontrerait dans son ascension verticale. La différente richesse en oxygène des divers courants aux diverses profondeurs est peut-être pour quelque chose dans la distribution géographique sous-marine. Il y a là un ordre de recherches nouvelles que je signale aux explorateurs des régions profondes de la mer.

3° Aux temps géologiques primitifs, où la pression de l'atmosphère devait être plus forte qu'aujourd'hui, les conditions de la vie étaient fort différentes de ce qu'elles sont aujourd'hui, et suroxygénantes; et si, comme le disent les géologues, notre atmosphère tend à pénétrer de plus en plus, en raison du refroidissement des couches centrales, dans les profondeurs de la terre, nous marchons vers un état asphyxique comparable à celui que donne l'ascension des montagnes élevées.

4° Il est inexact d'enseigner, comme on le fait d'ordinaire, que les végétaux ont dû apparaître sur la terre avant les animaux, afin de purifier l'air de la grande quantité de $CO_2$ qu'il contenait. En effet, la germination, même celle des moisissures, ne se fait pas dans l'air assez chargé de $CO_2$ pour être mortel aux animaux à sang chaud.

5° Il l'est tout autant, ainsi que je l'ai fait il y a longtemps observer, d'expliquer l'antériorité des Reptiles par rapport aux animaux à sang chaud, par l'impureté de l'air souillé de trop de $CO_2$ ; les Reptiles, en effet, redoutent ce gaz plus encore que les Oiseaux, et surtout que les Mammifères.

---

## NOTE COMPLÉMENTAIRE.

Le Mémoire qui précède a été déposé au secrétariat de l'Académie des sciences le 30 mai 1873. Depuis sa rédaction, j'ai répété une grande partie des expériences qu'il contient, et n'ai rien à retrancher aux conclusions que j'en ai tirées.

Mais j'y puis aujourd'hui ajouter un certain nombre de faits que je considère comme importants, parce qu'ils touchent à ce qu'il y a de plus intime, de plus profond et de plus général dans les phénomènes que j'ai étudiés. Je les énoncerai brièvement dans les trois paragraphes suivants :

### § 1er.

De la production d'urée aux pressions barométriques très-basses et très-élevées.

J'ai montré à diverses reprises que sous les basses comme sous les hautes pressions, la quantité d'oxygène consommé et d'acide carbonique produit diminue, en même temps que s'abaisse la température du corps.

Il était fort intéressant de chercher ce que devenait, dans les mêmes conditions, la production de l'urée.

Les expériences ont été faites sur des Chiens bien portants. L'animal était soumis à une ration journalière bien réglée ; au bout de quelques jours, on le sondait un matin, puis on le plaçait dans une cage disposée de façon à permettre de recueillir les urines. Le lendemain, à la même heure, on le sondait à nouveau, et l'on réunissait l'urine ainsi recueillie à celle que pouvait contenir déjà le réservoir. Pendant plusieurs heures alors, on soumettait le Chien à une pression très-basse ou très-élevée, puis on le replaçait dans sa cage; et, le jour d'après, on analysait à la fois l'urine qu'il avait pu émettre dans l'appareil ou dans la cage et celle qu'un nouveau sondage ramenait. Enfin, le troisième jour, on faisait souvent une analyse nouvelle.

Ces analyses ont été faites par la méthode de M. Yvon, méthode qui permet, par la quantité d'azote qu'on extrait d'un liquide à l'aide de l'hypobromite de soude, d'apprécier la proportion d'urée (y compris l'acide urique) qu'il contenait.

Or, voici les résultats de quelques expériences :

A. — Diminution de pression.

I. Chien pesant 19<sup>kil</sup>,300.

  1<sup>er</sup> jour, pression normale, a produit : urée.................... 27,9<sup>gr</sup>

  2<sup>e</sup> jour, après avoir été soumis pendant sept heures à une pression de 25<sup>c</sup> à 30<sup>c</sup>, a produit : urée ................................. 20,7

II. Même chien, resté à la ration, quelques jours après.

  1<sup>er</sup> jour, pression normale, a produit : urée.................... 27,5

  2<sup>e</sup> jour, pendant sept heures à 38<sup>c</sup> de pression, a produit : urée.... 13,5

III. Même chien, plusieurs jours après.

  1<sup>er</sup> jour, pression normale, a produit : urée.................... 20

  2<sup>e</sup> jour, pendant six heures à une demi-atmosphère.............. 14,4

  3<sup>e</sup> jour, pression normale.................................... 36,8

IV. Chien pesant 20<sup>kil</sup>,5.

  1<sup>er</sup> jour, pression normale, a produit : urée.................... 23,4

  2<sup>e</sup> jour, pendant sept heures à une demi-atmosphère............ 24,3

  3<sup>e</sup> jour, pression normale.................................... 17,5

V. Chien pesant 12 kilogr.

  1<sup>er</sup> jour, pression normale, a produit : urée.................... 19,4

  2<sup>e</sup> jour, sept heures à demi-atmosphère ...................... 11,8

  3<sup>e</sup> jour, pression normale.................................... 15,4

VI. Même chien, plusieurs jours après, fatigué.

  1<sup>er</sup> jour, pression normale, a produit : urée.................... 13

  2<sup>e</sup> jour, neuf heures à 30<sup>c</sup> ou 35<sup>c</sup>.................... 7

  3<sup>e</sup> jour, pression normale.................................... 8,2

Ainsi, dans tous les cas, il y a eu notable diminution d'urée, soit le jour même de la décompression, soit pendant la journée suivante (IV). L'expérience III montre que, après une forte diminution d'urée, il peut arriver que, le lendemain, la nutrition de l'organisme reprenne une activité nouvelle, et que la quantité d'urée augmente, à ce point de compenser au moins la quantité qui manquait dans le jour précédent. Mais cela n'a pas toujours lieu (exp. V et VI).

B. — *Augmentation de pression.*

VII. Chien pesant 12 kilogr. gr
    1er jour, pression normale, a produit : urée.................... 12
    2e jour, six heures à 8 atmosphères (ne mange que demi-ration).... 3,8
    3e jour, pression normale (n'a pas mangé du tout).............. 10,3

VIII. Chien pesant 16 kilogr.
    1er jour, pression normale : urée........................... 21,6
    2e jour, sept heures et demie à 8 atmosphères................ 16,9

IX. Chien.
    1er jour, pression normale, urée........................... 13,5
    2e jour, onze heures sous pression (5 à 8 atmosphères) (a mangé
      demiration) ; urée...................................... 3,8
    3e jour, pression normale (n'a pas mangé du tout)............. 15,4

Ainsi, l'air comprimé diminue considérablement, lui aussi, la production et l'élimination de l'urée.

Il sera donc possible, en prenant pour instrument de mesure l'urée excrétée pendant les vingt-quatre heures (ce qui est beaucoup plus commode et plus sûr que l'évaluation de l'acide carbonique produit), de chercher, sur l'homme sain et sur l'homme malade, quel est le degré de pression barométrique qui coïncide avec le maximum de l'activité nutritive intra-organique (voy. page 141). Il est permis de supposer qu'il y a avantage à se rapprocher de ce maximum dans les maladies où la nutrition est insuffisante (anémie), et au contraire à s'en éloigner un peu dans les cas où l'usure de l'organisme se fait avec une intensité alarmante (phthisie). Peut-être pourra-t-on, en poursuivant ces recherches que j'indique aux médecins, arriver à expliquer ce qu'il y a d'étrange et de contradictoire en apparence dans les actions thérapeutiques connues de l'air dilaté et de l'air comprimé.

### § 2.

De la quantité d'oxygène que peut absorber le sang aux diverses pressions
barométriques.

Les nombreuses analyses des gaz contenus dans le sang des
animaux vivants aux diverses pressions barométriques ont montré (voy. page 63 et graphique IX) que la quantité d'oxygène
contenue dans le sang artériel diminue rapidement quand la
pression s'abaisse au-dessous de la normale, tandis qu'elle n'augmente que très-lentement quand la pression s'élève.

J'ai déjà signalé (page 52) la contradiction que, pour les
basses pressions, semblent présenter ces résultats avec ceux qu'a
autrefois publiés M. Fernet. J'ai en même temps indiqué les
raisons pour lesquelles cette contradiction n'est qu'apparente.

Cependant j'ai pensé qu'il serait intéressant de rechercher
la quantité d'oxygène que peut absorber le sang aux diverses
pressions, non plus dans le corps de l'animal, mais *in vitro*, en
allant, pour la dépression et la compression, bien au delà des
faibles limites dans lesquelles s'était, pour avoir plus de précision, renfermé M. Fernet.

J'ai fait faire un récipient de métal capable de résister à
25 atmosphères; j'y introduisais du sang défibriné, que j'agitais
sous une pression déterminée. Une certaine quantité de ce sang
était soumise à l'action de la pompe à mercure qui en extrayait
les gaz; le résultat était alors comparé avec celui que donnait
l'extraction des gaz d'une autre partie du même sang simplement agité à l'air.

D'un autre côté, j'agitais énergiquement du sang dans un
flacon où la pression avait été diminuée, et les gaz de ce sang
étaient semblablement extraits.

Des expériences préliminaires auxquelles j'ai fait allusion
page 52 m'ont montré que, *in vitro*, même à des pressions
d'une demi et d'un tiers d'atmosphère, la quantité d'oxygène
contenue dans le sang était très-voisine de celle qu'il absorbe
à la pression normale; je trouvais ainsi des résultats tout à
fait du même ordre que ceux qu'avait indiqués Fernet. Pour

les pressions élevées, j'étais arrivé à ce résultat que, au-dessus d'une atmosphère, il n'entre plus dans le sang que l'oxygène simplement dissous dans le sérum.

Je n'ai pas cru devoir cependant introduire ces faits dans le mémoire qu'on vient de lire. Je désirais, en cette question purement physico-chimique, atteindre une exactitude que ne présentaient point avec une précision suffisante mes expériences préliminaires. J'y suis parvenu aujourd'hui avec le concours de M. Gréhant, que je suis heureux de remercier ici.

Voici les résultats de quelques expériences :

A. — *Diminution de pression.*

| | Oxyg. | CO². |
|---|---|---|
| I. 100 volumes de sang de chien agités avec de l'air à 76ᶜ contiennent.................... | 25,3 | 35,7 |
| Id. agités avec de l'air à 38ᶜ contiennent......... | 23,4 | 27,5 |
| II. 100 volumes de sang de chien agités avec de l'air à 76ᶜ contiennent.................... | 13,2 | 44,7 |
| Id. agités avec de l'air à 34ᶜ contiennent......... | 12,1 | 44 |
| Id. agités avec de l'air à 18ᶜ contiennent ........ | 11,2 | 38,2 |
| III. 100 volumes de sang de chien agités avec de l'air à 77ᶜ contiennent.................... | 20,2 | 28,4 |
| Id. agités avec de l'air à 34ᶜ contiennent........ | 18,9 | 24,0 |
| Id. agités avec de l'air à 6ᶜ contiennent ......... | 17,7 | 19,8 |
| IV. 100 volumes de sang de bœuf agités avec de l'air à 76ᵒ contiennent.................... | 19,3 | » |
| Id. agités avec de l'air à 8ᶜ,3................. | 18,5 | » |
| Id. agités avec de l'air à 2ᶜ,2................. | 13,3 | |

La seule inspection de ces chiffres montre évidemment que, au-dessous d'une atmosphère, la diminution de l'oxygène contenu dans le sang ne paraît porter que sur le gaz dissous, la combinaison de l'oxyhémoglobine restant fixe ou ne perdant que de minimes quantités d'oxygène, jusqu'à des pressions inférieures à 10 centimètres.

Les conséquences de ceci sont des plus considérables pour la question du séjour sur les lieux élevés. En effet, le sang d'un aéronaute, que son ballon a transporté à 5500 mètres, à une demi-atmosphère, est capable d'absorber chimiquement presque autant d'oxygène qu'à la pression normale; mais, en fait, il en contient beaucoup moins.

C'est que l'agitation intra-pulmonaire du sang avec l'air ne se fait plus dans des conditions suffisantes. Déjà, nous l'avons vu, même à la pression normale, le sang artériel n'est point saturé de l'oxygène qu'il peut contenir; il n'y arrive, ou à peu près, qu'à la suite d'efforts exagérés de respiration, qui entraînent une exagération de la rapidité circulatoire. A une demi-atmosphère, il faudrait, pour obtenir le même résultat qu'au niveau du sol, que l'activité du brassement intra-pulmonaire fût doublée : doublés les mouvements respiratoires en amplitude ou en rapidité; doubles les mouvements du cœur en force et en nombre. Cela est évidemment impossible.

Cependant il se fait un mouvement dans ce sens, comme en témoignent les récits de tous les voyageurs, comme je l'ai observé sur les animaux et éprouvé moi-même dans mes appareils; aux faibles dépressions, la respiration s'accélère, les battements du cœur sont plus forts et plus nombreux, et l'équilibre peut être à peu près rétabli.

Mais, tout d'abord, ceci ne peut être que momentané, et semblable gymnastique ne saurait continuer longtemps sans des menaces d'emphysème et de maladies cardiaques; aussi cette exagération ne dure-t-elle pas, et les étrangers eux-mêmes, transportés sur de petites montagnes (1000 à 2000 mètres), n'y voient-ils nullement se maintenir chez eux cette accélération redoutable : l'oxygène diminue donc fatalement dans leur sang.

Il y a plus : quand la pression diminue encore, quand surtout il s'agit d'ascension en montagnes où travaillent énergiquement les muscles, l'accélération respiratoire et circulatoire n'ayant pu compenser l'insuffisance de l'agitation aéro-sanguine intra-pulmonaire, les muscles de la respiration comme ceux du cœur se fatiguent. Les respirations, toujours nombreuses pendant l'activité, sont très-peu amples, si bien que c'est à peine si la quantité d'air inspiré dans un temps donné est *en volume* la même qu'à la pression normale (1); au repos, elles retombent au nombre ordinaire, tout en restant très-faibles, et il semble

(1) Lortet, *Deux ascensions au Mont-Blanc en 1869 (Lyon médical, 1869)*.

même, selon la remarque de de Saussure, qu'on oublie parfois de respirer (1). Les mouvements du cœur donnent des résultats analogues ; leur fréquence augmente il est vrai, mais la tension cardiaque baisse considérablement : dans un des tracés sphygmographiques de Lortet, pris au moment de l'arrivée sur le sommet du Mont-Blanc, on a peine à retrouver l'indication du pouls.

Ainsi, l'organisme, vaincu dans sa lutte pour compenser par l'agitation aéro-sanguine la moindre densité de l'oxygène de l'air, revient au type régulier de ses mouvements, qu'affaiblit bientôt la pauvreté du sang. Il s'établit ainsi un budget organique inférieur en recettes, mais qui peut pendant un temps se régler en équilibre si les dépenses s'abaissent. C'est ce qui arrive aux aéronautes qui ne contractent pas leurs muscles et sont défendus contre le froid par leurs vêtements, des boules d'eau chaude, etc.; les voyageurs en montagnes n'ont point ces ressources, et ne peuvent monter aussi haut. Enfin, comme le budget des animaux à sang chaud ne saurait s'abaisser sans péril au-dessous d'une certaine limite, il arrive un moment où le système nerveux ne peut plus agir, où surviennent les paralysies, puis l'arrêt des mouvements respiratoires; d'où la mort par asphyxie, ainsi que nous l'avons plus haut surabondamment prouvé.

B. — *Augmentation de pression.*

Je me contenterai de citer deux analyses, parce qu'elles sont très-complètes et très-concluantes :

V. 100 vol. de sang de chien agités avec air à 76° contiennent. 20,2 vol. d'oxyg.
    Id. agités avec air à 9 atmosphères . . . . . . . . . . . . . . . . . . 25,9
    Id. agités avec air à 18 atmosphères. . . . . . . . . . . . . . . . . 28,2
VI. Sang de chien agité avec air à 76°, contient. . . . . . . . . . . . . 14,9
        Id.         à 6 atmosphères. . . . . . . . . . . . . . . . . . 19,2
        Id.         à 12   id.   . . . . . . . . . . . . . . . . . . 26,0
        Id.         à 18   id.   . . . . . . . . . . . . . . . . . . 31,1

Discutons cette dernière expérience *I*. Appelons $x$ le volume

(1) Jourdanet, *le Mexique et l'Amérique tropicale.* Paris, 1864, p. 437.

d'oxygène supposé combiné avec l'hémoglobine contenue dans
100 centimètres cubes de sang, volume qui serait, par hypothèse, indépendant de la pression ; appelons $y$ le volume d'oxygène que 100 centimètres cubes de sang peuvent absorber, à
l'état de simple dissolution, à la suite d'agitation dans l'air sous
la pression normale. Nous aurons :

$$
\begin{aligned}
\text{A 1 atmosphère} &\dots\dots\dots\dots\dots & x + \phantom{0}y &= 14,9 & (1)\\
\text{A 6 \quad id.} &\dots\dots\dots\dots\dots & x + \phantom{0}6y &= 19,2 & (2)\\
\text{A 12 \quad id.} &\dots\dots\dots\dots\dots & x + 12y &= 26,0 & (3)\\
\text{A 18 \quad id.} &\dots\dots\dots\dots\dots & x + 18y &= 31,1 & (4)
\end{aligned}
$$

Retranchons (1) de (4), il vient $y = 0,95$, et de l'équation (1)
nous tirons alors $x = 13,95$. En portant ces valeurs dans les
équations (2) et (3), nous trouvons les chiffres 19,6 et 25,4 au
lieu de 19,2 et de 26, différences qui sont tout à fait de l'ordre
des erreurs d'expériences.

Ainsi, l'hypothèse est vérifiée, et, au-dessus d'une atmosphère, la pression n'ajoute plus au sang que de l'oxygène
dissous, dont la proportion croissante suit la loi de Dalton. Si
donc nous prenons 20 comme proportion moyenne d'oxygène
contenu dans le sang à la pression normale, et si nous supposons, pour faciliter le calcul, qu'il y en ait 1 volume de dissous,
nous trouverons que, à 5 atmosphères, il devra y avoir 24 volumes ; à 10 atmosphères, 29 volumes ; à 17 atmosphères,
36 volumes ; à 26 atmosphères, 45 volumes.

Or, en fait, et sur l'animal vivant (voy. graphique IX, ligne
pleine, page 62), il n'en est pas exactement ainsi, la quantité
de l'oxygène contenue dans le sang étant inférieure à celle
qu'indique le précédent calcul.

Cela doit tenir en partie à ce que l'oxygène simplement dissous
dans le sérum tend à pénétrer aussi par simple dissolution, dans
tous les liquides organiques et les tissus que baigne le sang, jusqu'à ce qu'il s'établisse entre eux et ce sérum un équilibre de
dissolution.

Le ralentissement des mouvements respiratoires et de la circulation du sang, si facile à constater aux hautes pressions chez
les animaux à sang froid, vient sans doute aussi concourir à di-

minuer la quantité d'oxygène qui devrait s'introduire dans le sang, en modifiant les conditions de l'agitation aéro-sanguine qui se fait dans les poumons. Il y aurait là, de la part de l'organisme, une lutte pour l'équilibre se faisant en sens inverse de celle dont nous avons parlé à propos de la décompression.

Si nous nous reportons maintenant à cette observation faite plusieurs fois déjà que le sang, dans les conditions de la respiration normale, n'est jamais saturé de l'oxygène qu'il peut absorber, on concevra que l'augmentation de pression, introduisant un peu plus d'oxygène dans le sang, cet oxygène devra être d'abord rapidement condensé par les globules sanguins, en telle sorte que l'hémoglobine du sang arrive à se saturer tout entière, avant qu'il en reste une plus forte proportion dans le sérum.

C'est probablement cette saturation plus complète de l'hémoglobine qui, permettant aux globules sanguins de jouer d'une manière plus parfaite leur rôle excito-nutritif, fait qu'une faible augmentation de pression est favorable dans beaucoup de circonstances pathologiques et notamment dans les anémies. Mais au delà, quand l'hémoglobine est saturée, quand l'oxygène s'emmagasine dans le sérum, puis dans tous les tissus, arrivent les accidents que j'ai signalés et décrits plus haut, et dont le paragraphe suivant va me permettre de montrer la cause intime.

Mais au point de vue chimique pur, les faits que je viens de rapporter présentent un intérêt nouveau quand on les rapproche de ceux qu'ont récemment signalés MM. Risler et Schützenberger (1). Selon ces chimistes, le sang, ou pour mieux dire l'hémoglobine à laquelle on a enlevé tout l'oxygène possible par l'action du vide ou de l'oxyde de carbone, en contiendrait encore une quantité à peu près égale à celle qu'elle vient de perdre.

Il y aurait donc ici une sorte de *protoxyhémoglobine*, que le vide, même aidé de la chaleur, que l'oxyde de carbone, ne sauraient réduire; puis, par l'agitation avec l'air se formerait une *deutoxyhémoglobine* à laquelle le vide et l'oxyde de carbone

(1) Voy. *Compt. rend.*, 17 février 1873, t. LXXVI, p. 440.

pourraient enlever son second équivalent d'oxygène. Au delà, l'hémoglobine, complétement saturée, ne peut plus prendre d'oxygène, dont la proportion augmente seulement dans le sérum ambiant. Cela rappelle singulièrement le mode d'union de l'acide carbonique avec les bases alcalines, dont les *proto-carbonates* sont indécomposables par le vide, tandis que les *deutocarbonates* perdent aux très-faibles pressions barométriques leur second équivalent d'acide.

Ce rapprochement est très-saisissant lorsqu'on fixe son attention sur la manière dont le gaz carbonique sort du sang quand on agite ce liquide avec l'air à diverses pressions barométriques.

L'agitation du sang avec l'air pur, à la pression normale, ne lui enlève que très-lentement son acide carbonique, et je ne crois même pas qu'elle puisse l'en dépouiller complétement. Si l'air est dilaté, la sortie de l'acide se fait un peu plus vite. Cependant les expériences ci-dessus rapportées (page 155) montrent que, même à d'assez basses pressions, le sang ne perd pas rapidement son acide carbonique; d'autre part, en faisant un vide progressif dans la pompe à mercure, je n'ai vu l'acide quitter le sang en proportion notable qu'à une très-basse pression, à peu près en même temps que l'oxygène. En d'autres termes, les bicarbonates et les phospho-carbonates se comportent aux environs du vide comme la bioxyhémoglobine dont je parlais tout à l'heure.

§ 3.

Action intime de l'oxygène à de hautes pressions.

Les faits rapportés dans les chapitres I, III, VI, ont montré que l'oxygène, sous une certaine pression, tue les animaux de toute espèce, les végétaux, les graines. Cette généralité d'action prouve que, bien évidemment, il n'est question là, ni d'un mécanisme particulier, ni d'une action spéciale et portant uniquement sur les globules sanguins ou le système nerveux. Il est clair, au contraire, que l'action de l'oxygène doit être d'une nature tout à fait intime, générale, et s'adresser aux phénomènes mêmes de la nutrition élémentaire.

Or, ces phénomènes, pour si variés et si peu connus qu'ils soient, appartiennent très-certainement à la grande famille des fermentations (par oxydation, dédoublement, hydratation, etc.). J'ai donc pensé à chercher si l'influence funeste de l'oxygène comprimé s'exercerait également sur des fermentations particulières, nettement déterminées.

Je donne ici les résultats d'une expérience.

8 *août*.— Temp. 27 degrés. Je mets dans trois petites bouteilles semblables et bien lavées de l'urine fraîche et acide ; dans trois autres du vin, et sur celles-ci je dépose une petite quantité de ferment du vinaigre pris sur une surface en pleine activité. Ces bouteilles sont demi-bouchées avec du papier et placées trois par trois :

A. Sous cloche, à l'air ordinaire.

B. A 4 ou 5 atmosphères d'air changé tous les jours.

C. A 4 ou 5 atmosphères suroxygénées, changées tous les jours, représentant de 17 à 24 atmosphères d'air.

11 *août*. — A. Urine tout à fait trouble, infecte, encore acide. Vin couvert d'une pellicule assez épaisse.

B. Urine beaucoup moins trouble, sentant un peu mauvais. Nuage très-léger sur presque toute la surface du vin.

C. Urine claire, avec un peu de dépôt au fond, odeur fraîche. Sur le vin on ne voit qu'une petite tache produite par le mycoderme déposé, qui n'a pas grandi.

15 *août*. — A. Urine très-alcaline, infecte, très-trouble. Vin surchargé de champignons.

B. Urine moins alcaline, moins infecte, moins trouble. Sur le vin, pellicule plus complète et plus épaisse que le 11.

C. Urine peu alcaline, un peu trouble, sentant un peu mauvais. Sur le vin, la tache paraît avoir à peine grandi.

Ainsi la germination du *Mycoderma aceti* est complétement arrêtée par l'oxygène comprimé, et ralentie notablement par l'air à 5 atmosphères ; le développement des vibrions de l'urée est influencé de la même manière, bien qu'à un moindre degré.

Je me suis assuré, du reste, que l'oxygène pur à la pression normale produit sur les altérations du vin et de l'urine le même effet que l'air à 5 atmosphères. Dans une atmosphère d'oxygène pur, le *Mycoderma aceti* semé se développe beaucoup moins vite que dans l'air.

Ces faits ne sont pas sans analogie avec les remarquables découvertes de M. Pasteur sur certains ferments, qui, tout en ayant besoin de l'oxygène pour vivre, doivent l'emprunter à des combinaisons organiques, et périssent au contact de l'oxygène gazeux.

J'ai fait en outre des expériences sur des fermentations produites non par le développement d'êtres vivants, mais par l'action de ferments solubles : telles la destruction de la glycose dans le sang, et la transformation de l'amidon en glycose sous l'influence de la salive.

Voici l'une de ces expériences :

18 *juillet.* — Températ. 22 degrés. *a*, sang mélangé de glycose; *b*, amidon cru en suspension dans l'eau, mêlé avec de la salive filtrée.

A. Un tube de chaque est placé sous cloche à l'air ordinaire; B, un autre, même diamètre, même hauteur de liquide, est mis à 8 atmosphères suroxygénées.

20 *juillet.* On essaye le liquide avec le réactif de Fehling; le sang est préalablement cuit avec un poids égal au sien de sulfate de soude, l'eau qui s'évapore étant remplacée par de l'eau distillée. Or, on trouve que :

A. Le liquide provenant du sang ne réduit pas complétement huit fois son volume de liqueur bleue. Le liquide à l'amidon filtré réduit aisément 15 fois son volume de la même liqueur et reste un peu bleu avec 20 fois son volume.

B. Le liquide provenant du sang réduit complétement 10 fois son volume ; celui de l'amidon reste bleu avec 11 fois son volume.

Ainsi il y a eu notablement moins de glycose détruite dans le sang et de glycose formée par l'amidon sous la pression d'oxygène qu'à l'air libre.

Enfin, considérant que de tous les phénomènes complexes désignés sous le nom de fermentations, celui qui ressemble peut-être le plus aux transformations chimiques des tissus dans l'état de vie est la série des *processus* qui conduisent à la putréfaction, j'ai fait sur celle-ci un assez grand nombre d'expériences.

J'insisterai tout particulièrement sur ce point; voici quelques faits bien nets :

I. 21 *juillet.*— Températ. 22 degrés. Pris deux lots de 100 grammes de muscles d'un Chien que je venais de tuer; coupés en morceaux et introduits, le premier, A, dans un grand flacon plein d'air, le second, B, dans un appareil où j'ajoute à l'air qu'il contenait 5 atmosphères d'air suroxygéné, correspondant à peu près à 17 atmosphères d'air.

25 *juillet*. — A horriblement infect; B, aucune odeur.

II. 27 *juillet*. — Températ. 23 degrés. Les deux cuisses d'un petit Chien sont suspendues: l'une, A, dans une cloche fermée, pleine d'air; l'autre, B, dans un appareil où la pression est poussée à 7 atmosphères suroxygénées correspondant à 22 atmosphères d'air.

31 *juillet*. — A sent horriblement mauvais; B ne sent absolument rien.

3 *août*. — A, puanteur horrible, moisissures nombreuses; B, aucune odeur, aspect ambré, pas de moisissures.

III. 19 *décembre*. — Morceaux de filet de bœuf aplatis, aussi semblables que possible en poids et en surface, sont suspendus : A, dans une grande cloche pleine d'air; B, dans une cloche contenant de l'air à 90 pour 100 d'oxygène, pression normale, correspondant à 4,5 atmosphères d'air comprimé; C, dans un récipient à 9 1/2 atmosphères d'un air contenant 88 pour 100 d'oxygène, correspondant à 40 atmosphères d'air comprimé.

26 *décembre*. — A commence à sentir mauvais; B, odeur fade; C, aucune odeur.

8 *janvier*. — A sent horriblement mauvais et est en putréfaction, ramolli; réaction très-acide. B sent un peu moins mauvais; réaction très-acide. C, ferme, un peu jaunâtre d'aspect, légèrement acide; très-faible odeur aigrelette nullement désagréable; cuit, n'a rien de répugnant, mais présente un goût fade et peu agréable.

Il est donc bien démontré que la putréfaction n'a pas lieu dans l'air suffisamment comprimé; il est même parfaitement permis de supposer que les légères altérations présentées par le muscle, nonobstant la compression, n'auraient pas lieu, si l'on employait une pression encore plus élevée. Dans l'expérience III ces altérations étaient bien faibles, puisqu'il a été possible de manger de la viande qui, depuis vingt jours, était soumise à une température moyenne de 6 à 10 degrés, mais à une pression d'oxygène équivalente à 40 atmosphères d'air.

Je me suis alors posé la question de savoir si la putréfaction est, par l'air comprimé, seulement suspendue, ou si, en ramenant la matière animale à la pression ordinaire, on verrait reparaître les phénomènes habituels. L'expérience suivante répond à cette question :

IV. 14 *novembre*. — Côtelettes de mouton : A dans air, B à 11 atmosphères suroxygénées correspondant à 44 atmosphères d'air.

19 *novembre*. — B est tombée à 7 atmosphères, correspondant à 28 atmosphères d'air; aucune odeur, aspect rosé. A sent déjà un peu mauvais et paraît altérée. On reporte B à 10 atmosphères suroxygénées.

*24 novembre.*— A est en putréfaction complète. On laisse lentement revenir B à la pression normale en ouvrant légèrement un robinet capillaire : aucune odeur ; aspect ambré sur la masse de la côtelette, rose clair sur les fragments minces de muscles qui adhèrent à l'os.

*13 décembre.*—On a dû depuis plusieurs jours jeter A qui tombait en déliquescence. B est de très-bon aspect, rosée sur les parties peu épaisses, un peu acide avec légère odeur de marinade.

Grillée, B est peu agréable à manger, mais non repoussante. Or, le 22 novembre, on avait placé comme témoin, sous une grande cloche d'air, une troisième côtelette C, qui, dès le 1ᵉʳ décembre, sentait affreusement mauvais, et qu'on jeta le 10 décembre, en putréfaction complète.

Ainsi, non-seulement la putréfaction est arrêtée par l'action de l'air comprimé, mais le ferment de la putréfaction lui-même est tué ; de telle sorte qu'on peut décomprimer sans crainte d'en voir reparaître l'action. Mais l'aptitude à se putréfier n'est pas perdue, et si l'on remet la chair qui a été ainsi conservée au contact de l'air extérieur et des germes qu'il charrie, on la voit pourrir, quoique peut-être un peu plus lentement que de la chair ordinaire.

Voilà certes un procédé de conservation de la viande auquel on n'eût jamais pensé à priori, et qui n'est peut-être pas sans quelque possibilité d'application pratique.

Ces expériences sur la putréfaction m'ont permis d'examiner l'influence de la compression sur l'un des facteurs des *processus* chimiques de cette fermentation compliquée : je veux dire l'absorption de l'oxygène par la chair et l'exhalation de l'acide carbonique. Ceci présente un grand intérêt, car, au début, quand le muscle est encore contractile, ou apte à redevenir contractile sous l'influence d'un sang oxygéné, ce phénomène de respiration musculaire dont je me suis longuement occupé autrefois (1), est tout à fait comparable à ce qui se passe en place dans les profondeurs des tissus de l'animal vivant; plus tard, à une époque inconnue, le phénomène change de sens, et la vraie putréfaction survient, que personne ne confondra avec la respiration des tissus, sous peine de confondre la mort avec la vie.

(1) Voyez mes *Leçons sur la physiologie comparée de la respiration*, p. 35 à 65,
ARTICLE Nᵒ 1.

Il était donc très-intéressant de chercher à savoir si, dans l'air comprimé, les oxydations des tissus vivants ou morts sont plus ou moins actives qu'à la pression normale. Or, les expériences II et III que je viens de rapporter sont tout à fait concluantes sur ce point. En effet :

*Expérience II.*—A (air à la pression normale) a consommé en deux jours 534 centim. cubes d'oxygène et formé 534 centim. cubes d'acide carbonique; B (22 atmosphères) a consommé dans le même temps 32 centim. cubes d'oxygène et formé 50 centim. cubes de $CO_2$.

Dans les quatre jours suivants, A a consommé 651 centim. cubes d'oxygène et formé 741 centim. cubes de $CO^2$; B a consommé 216 d'oxygène et formé 212 centim. cubes de $CO^2$.

*Expérience III.* — Dans les sept premiers jours, A (air, pression normale), a, pour chaque 100 grammes de muscles, consommé $2^{lit},2$ d'oxygène et formé $1^{lit},6$ de $CO^2$; B (air à 90 pour 100 d'oxygène) a consommé $1^{lit},7$ d'oxygène, et formé $1^{lit},2$ de $CO^2$; C (40 atmosphères) n'a rien consommé ni rien produit.

Bien mieux, après 20 jours, à la fin de l'expérience, je n'ai pas constaté dans le récipient à oxygène comprimé trace d'acide carbonique produit, et j'y ai retrouvé, avec une exactitude de décimales, la quantité d'oxygène qui s'y trouvait au début; il n'y avait eu aucune altération.

Il m'a donc été possible, par l'emploi d'oxygène suffisamment comprimé, d'arrêter complétement l'oxydation des tissus.

Ce fait vient donner la consécration dernière à l'ensemble des expériences par lesquelles j'ai déjà montré que l'action d'un excès d'oxygène sur les animaux amène une diminution considérable des combustions nutritives. J'en pourrais dire autant des végétaux, comme le prouvent les faits rapportés à la page 124.

Il est donc bien prouvé, en un mot, que chez les végétaux, les animaux, les tissus séparés, l'excès d'oxygénation ralentit et même arrête les oxydations; en outre, il arrête les fermentations diverses, qu'elles aient pour résultat une oxydation, une hydratation ou un dédoublement.

Mais à quel moment l'excès d'oxygénation devient-il nuisible? Nous venons de voir qu'avec un air à 90 pour 100 d'oxygène, correspondant à 4,5 atmosphères d'air, la diminution dans l'absorption d'oxygène est manifeste. Quelques expériences me font penser que le maximum d'action de l'oxygène dans les oxydations des tissus *in vitro*, car dans l'organisme il est très-probablement plus bas, est aux environs de 3,5 atmosphères.

Dans une expérience, par exemple, des quantités égales de muscles, dans le même temps, ont absorbé : à une demi-atmosphère d'air ordinaire, 343 centimètres cubes d'oxygène ; à la pression normale, air ordinaire, 524 centimètres cubes ; dans de l'air à 50 pour 100 d'oxygène (correspondant à 2,5 atmosphères), 642 centimètres cubes ; dans de l'air à 60 pour 100 (3,5 atmosphères), 761 centimètres cubes.

Quoi qu'il en soit de cette limite précise, il n'est pas étonnant que cet arrêt d'oxydation aux très-hautes pressions tue tous les êtres vivants. Mais ici se pose une question bien délicate : sommes-nous seulement en présence d'une diminution ou d'un arrêt des phénomènes chimiques de la nutrition ? Il m'est difficile de le croire. Par la diminution de pression, les oxydations, les fermentations sont également diminuées ou même arrêtées ; et cependant la diminution de pression ne tue pas les graines, qui peuvent germer ensuite ; elle n'empêche pas la putréfaction de recommencer quand on ramène la pression normale ; elle ne donne pas aux animaux ces convulsions terribles qui durent alors même que l'excès d'oxygène a disparu du sang.

Je penche à croire qu'avant la phase d'arrêt complet, absolu, des phénomènes nutritifs, il y a une phase non-seulement de diminution, mais de déviation, qui donne naissance à des substances se comportant comme des poisons, et tuant en effet les cellules vivantes. Quelles sont ces substances ? Je n'en saurais avoir la moindre idée, et cela n'est pas étonnant, puisque nous ne savons presque rien des *processus* chimiques de la nutrition, et qu'aucun chimiste ne pourrait indiquer avec certitude les diverses modifications que subit, par exemple, la matière musculaire ou nerveuse pour se résoudre définitivement en acide carbonique et urée. Je suis donc ici arrêté par l'insuffisance de nos connaissances en chimie organique.

Mais je me sens autorisé maintenant à ne considérer les accidents nerveux des animaux supérieurs que comme un épiphénomène traduisant, par la mise en activité exagérée de l'appareil le plus impressionnable, les altérations générales de la nutrition ; le système nerveux joue ici, comme dans tant d'autres circonstances, le rôle de réactif des troubles organiques; mais ceux-ci atteignent tout aussi bien les muscles, les globules sanguins, etc. que les éléments nerveux.

Je ne terminerai pas ce paragraphe consacré aux expériences *in vitro*, sans dire que l'acide carbonique, lui aussi, arrête la respiration des tissus et la putréfaction. A la dose de 30 à 40 pour 100, il s'oppose non-seulement à la vie des animaux, non-seulement à la germination des graines et à la végétation, mais au développement des moisissures et à l'accomplissement de beaucoup de fermentations; les oxydations de la putréfaction y sont très-ralenties. La viande, lorsque cet acide est pur, s'y conserve pendant très-longtemps. Je n'insiste pas sur ces faits, et ne les ai indiqués que pour montrer qu'ils concordent parfaitement avec cette diminution des oxydations et cet abaissement de la température que j'ai signalés au chapitre IV du précédent mémoire, en traitant de l'empoisonnement par l'acide carbonique.

FIN.

# TABLE DES MATIÈRES

FIN DE LA TABLE DES MATIÈRES.

PARIS. — IMPRIMERIE DE E. MARTINET, RUE MIGNON, 2

Je joins à ce *Mémoire* quelques figures qui représentent les principaux appareils dont j'ai fait usage dans mes recherches.

P. B.

APPAREIL POUR EXPÉRIENCES SIMULTANÉES SUR LA DIMINUTION DE PRESSION.

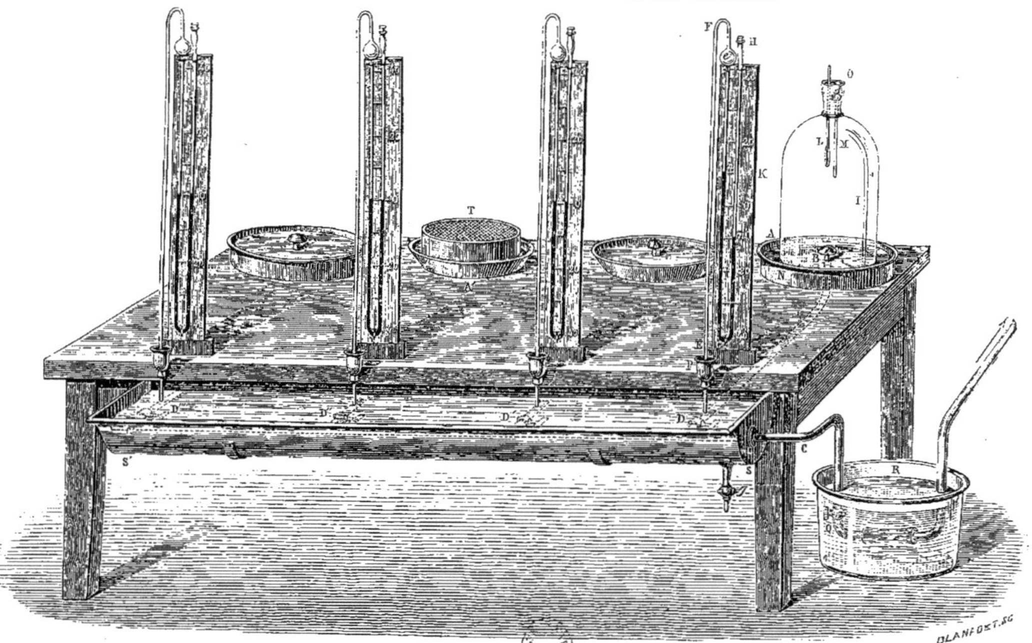

A. Cloche sur plaque avec manchon de zinc N, thermomètre L, tube de verre pour prendre air M, avec robinet noyé dans le manchon plein d'eau O. — B. Orifice par lequel la pompe à vapeur aspire l'air, par l'intermédiaire du tube C, des robinets D et Q plongés dans l'eau. — E F G H. Manomètre avec communication noyée en P. — e. Petit renflement pour éviter les projections de mercure. — S S'. Gouttière de zinc pour noyer les robinets D D' D'' D'''. — T. Appareil à recueillir les urines.

PLANCHE II.   APPAREIL CYLINDRIQUE EN VERRE POUR HAUTES PRESSIONS (JUSQU'A 25 ATMOSPHÈRES), EN CHARGE D'AIR SUROXYGÉNÉ.

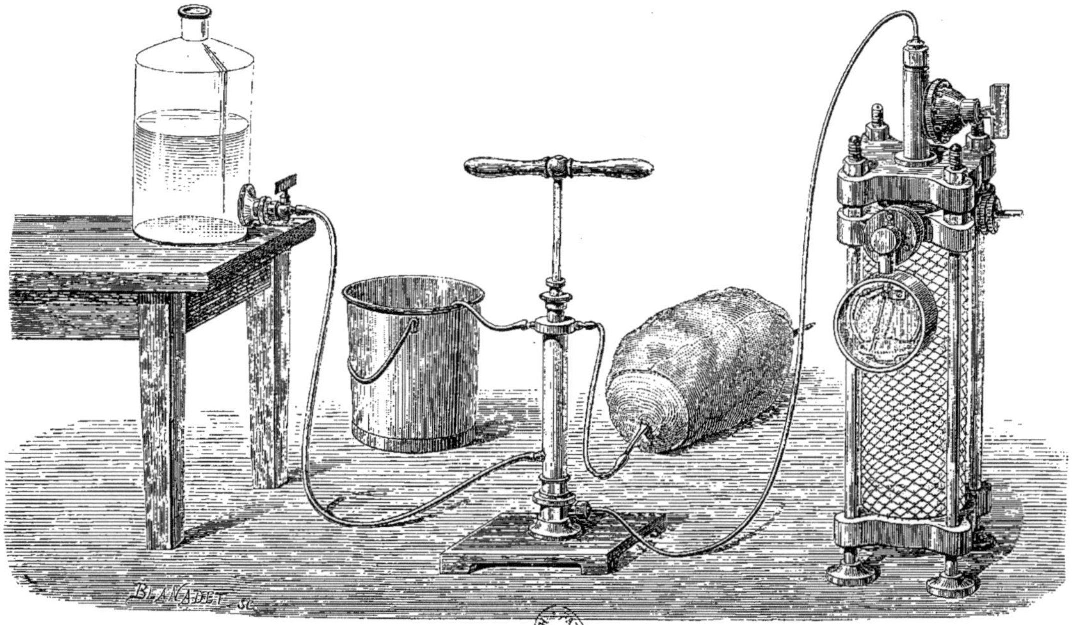

Courant d'eau froide enveloppant la pompe pour éviter
l'échauffement de l'air comprimé.

Pompe
à compression.

Sac contenant
l'oxygène.

Cylindre avec manomètre
et robinet capillaire.

GRAND APPAREIL POUR L'ÉTUDE DES FAIBLES PRESSIONS.

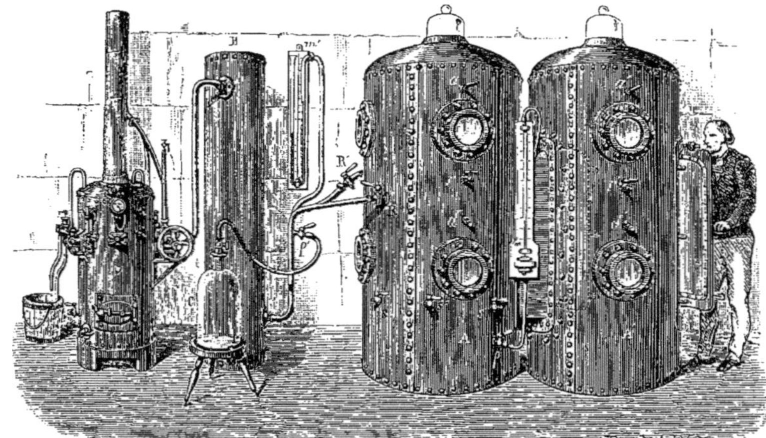

A, A'. Cylindres en tôle boulonnée, avec hublots en verre. — B. Cylindre où l'on peut faire à l'avance le vide à 7 centimètres, afin d'obtenir une rapide diminution dans les grands cylindres. — C. Grande cloche de verre où peut être fait, par l'intermédiaire du cylindre B, un vide instantané. — R, R'. Robinets qui communiquent chacun avec l'un des cylindres A et A', que sépare une porte intérieure, marquée en pointillé. — p. robinet de communication avec C; r, r'; d, d'; s, s', s'', ouvertures et robinets pour prendre de l'air des cylindres, extraire le sang, etc. — a, a'. Thermomètres. — m, m'. Manomètres.

GRAND APPAREIL A AIR COMPRIMÉ (CYLINDRE DE TÔLE D'ACIER SUPPORTANT 12 ATMOSPHÈRES)

A. Courroie de transmission de la machine à vapeur. — B. Système d'engrenages. — C. Pompe Denayrouze à compression. — D. Serpentin pour refroidir l'air comprimé (ce serpentin devrait être élevé au-dessus du niveau de E). — E. Récipient pour recevoir l'eau condensée en D. — a. Robinet par lequel arrive l'air comprimé. — b. Manomètre. c. Gros robinet pour décompression brusque. — d. Robinet pour recueillir l'eau, l'urine contenues dans l'appareil. — e. Petit robinet pour recueillir le sang de l'animal fixé à l'intérieur. — f. Ouverture de fortes dimensions pour manipulations diverses.

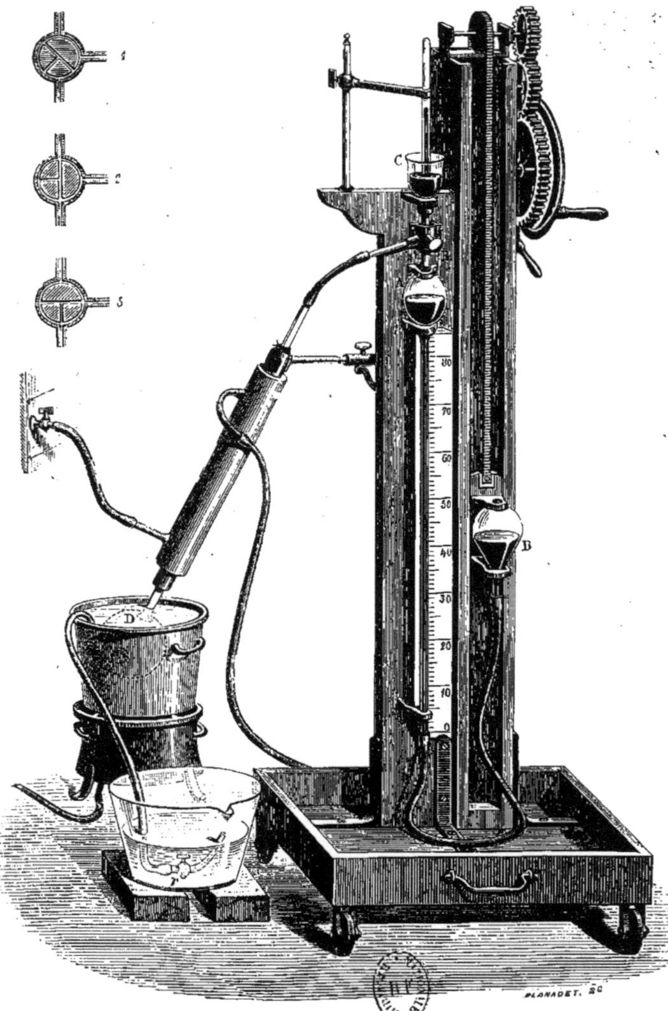



A. Chambre barométrique. — B. Réservoir mobile, en communication avec A par caoutchouc et tube de verre. — C. Cuvette à mercure pour recueillir les gaz. — D. Ballon plongé dans l'eau chaude, où, le vide étant fait, on introduit le sang par le robinet r. Le gros tube de verre qui part de D est entouré d'un courant d'eau qui refroidit les gaz et forme fermeture hydraulique. — R. Robinet à trois voies pouvant fermer complétement la chambre barométrique (position 1), ou faire communiquer soit A avec C ( position 2 ), soit A avec D (position 3).

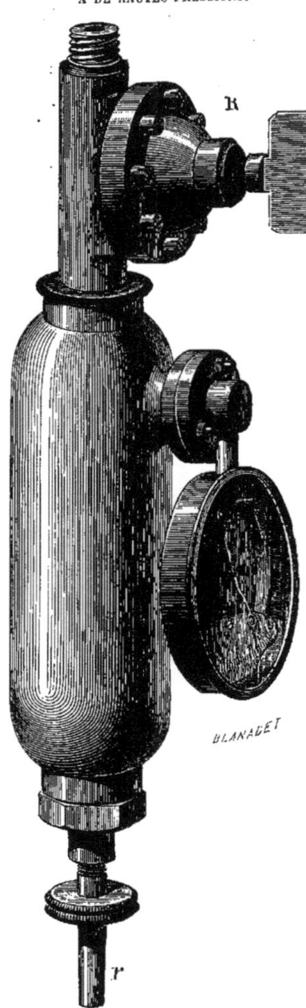

R. Grand robinet par lequel on fait la compression. — r. Robinet capillaire par où
l'on prend le sang.



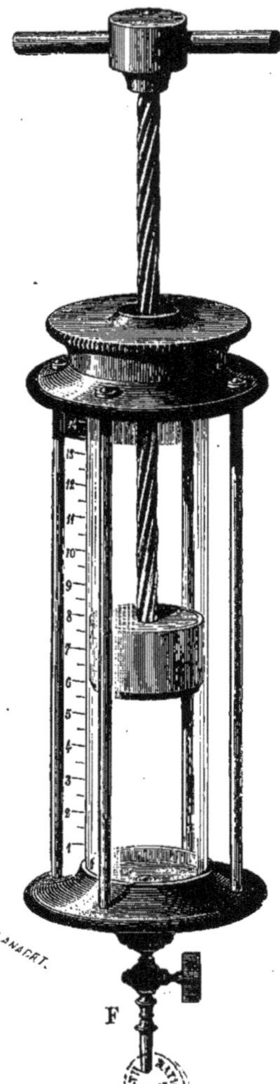

F. Ajutage mobile.

PARIS. — IMPRIMERIE DE E. MARTINET, RUE MIGNON, 2

www.ingramcontent.com/pod-product-compliance
Ingram Content Group UK Ltd.
Pitfield, Milton Keynes, MK11 3LW, UK
UKHW022342090726
13658UKWH00001B/424